Fachwissen Technische Akustik

Diese Reihe behandelt die physikalischen und physiologischen Grundlagen der Technischen Akustik, Probleme der Maschinen- und Raumakustik sowie die akustische Messtechnik. Vorgestellt werden die in der Technischen Akustik nutzbaren numerischen Methoden einschließlich der Normen und Richtlinien, die bei der täglichen Arbeit auf diesen Gebieten benötigt werden.

Gerhard Müller • Michael Möser

Herausgeber

Erschütterungen und sekundärer Luftschall aus dem Schienenverkehr

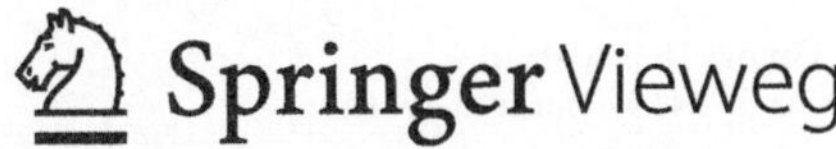

Herausgeber
Gerhard Müller
Lehrstuhl für Baumechanik
Technische Universität München
München, Deutschland

Michael Möser
Institut für Technische Akustik
Technische Universität Berlin
Berlin, Deutschland

Fachwissen Technische Akustik
ISBN 978-3-662-55404-3   ISBN 978-3-662-55405-0 (eBook)
DOI 10.1007/978-3-662-55405-0

Die Deutsche Nationalbibliothek verzeichnet diese Publikation in der Deutschen Nationalbibliografie;
detaillierte bibliografische Daten sind im Internet über http://dnb.d-nb.de abrufbar.

Springer Vieweg
© Springer-Verlag GmbH Deutschland 2017
Dieser Beitrag wurde zuerst veröffentlicht in: G. Müller, M. Möser (Hrsg.), Taschenbuch der
Technischen Akustik, Springer Nachschlagewissen, Springer-Verlag Berlin Heidelberg 2015, DOI
10.1007/978-3-662-43966-1_18-1

Gedruckt auf säurefreiem und chlorfrei gebleichtem Papier

Springer Vieweg ist Teil von Springer Nature
Die eingetragene Gesellschaft ist Springer-Verlag GmbH Deutschland
Die Anschrift der Gesellschaft ist: Heidelberger Platz 3, 14197 Berlin, Germany

Inhaltsverzeichnis

Autorenverzeichnis

Christian Gerbig DB Systemtechnik GmbH, Akustik und Erschütterungen, München, Deutschland

Stefan Lutzenberger Müller-BBM GmbH, Planegg bei München, Deutschland

Dorothée Stiebel DB Systemtechnik GmbH, Akustik und Erschütterungen, München, Deutschland

Rüdiger G. Wettschureck Beratender Ingenieur für Technische Akustik, Großweil, Deutschland

Erschütterungen und sekundärer Luftschall aus dem Schienenverkehr

Stefan Lutzenberger, Dorothée Stiebel, Christian Gerbig
und Rüdiger G. Wettschureck

Zusammenfassung

Erschütterungen und sekundärer Luftschall aus dem Schienenverkehr stellen ein immer stärker wahrgenommenes Problem dar und müssen daher bei der Planung von Neu- und Umbauprojekten sorgfältig berücksichtigt werden. Das vorliegende Kapitel liefert hierfür die Grundlage für den Ingenieur. Neben den Entstehungsmechanismen und der Minderung von Erschütterungen und sekundärem Luftschall aus dem Schienenverkehr wird daher auch auf deren Bewertung sowie auf Prognoseverfahren eingegangen. Das Kapitel baut dabei auch auf Erkenntnissen aus dem Kap. Luftschall aus dem Schienenverkehr auf.

1 Einleitung

Neben der Belästigung durch den Verkehrslärm spielt die Belästigung aufgrund von Erschütterungen und sekundärem Luftschall aus dem Schienenverkehr eine immer wichtigere Rolle und muss daher im Rahmen von Bauplanungen berücksichtigt werden. Dies betrifft sowohl den Bauherr einer Eisenbahninfrastrukturanlage im Rahmen des durchzuführenden Planfeststellungsverfahrens als auch den umgekehrten Fall, dass ein Bauherr ein Gebäude in unmittelbarer Nähe zu bestehenden Bahnanlagen erstellen und hochwertig nutzen möchte. Prognosen erfolgen in der Regel durch eine Kombination von Messungen und Berechnungen. Als Ergebnis der Prognosen werden Minderungsmaßnahmen ausgelegt, die meist im Bereich der Körperschallentstehung und der Körperschallimmission ansetzen. Allerdings ist anzumerken, dass nach wie vor keine klare gesetzliche Regelung für die Beurteilung von Erschütterungen und sekundären Luftschall sowie für die Anpassung von Minderungsmaßnahmen in Deutschland existiert.

Das vorliegende Kapitel baut auf dem Kap. 17 Geräusche und Erschütterungen aus dem Schie-

S. Lutzenberger (✉)
Müller-BBM GmbH, Planegg bei München, Deutschland
E-Mail: Stefan.Lutzenberger@MuellerBBM.com

D. Stiebel • C. Gerbig
DB Systemtechnik GmbH, Akustik und Erschütterungen, München, Deutschland
E-Mail: Dorothee.Stiebel@deutschebahn.com; Christian.Gerbig@deutschebahn.com

R.G. Wettschureck
Beratender Ingenieur für Technische Akustik, Großweil, Deutschland
E-Mail: post@wettschureck-acoustics.eu

© Springer-Verlag GmbH Deutschland 2017
G. Müller, M. Möser (Hrsg.), *Erschütterungen und sekundärer Luftschall aus dem Schienenverkehr,*
Fachwissen Technische Akustik, DOI 10.1007/978-3-662-55405-0_18

nenverkehr, Abschn. 3 bis Abschn. 5 der dritten Auflage des Taschenbuchs der Technischen Akustik [1] und dem Chapter 16 „Noise and Vibration from Railroad Traffic" der ersten Auflage der englischen Ausgabe Handbook of Engineering Acoustics [2] auf. Ergänzungen des Textes erfolgten vor allem im Bereich der Minderungsmaßnahmen und der Prognosen, wobei auf aktuelle Forschungs- und Untersuchungsergebnisse eingegangen wird.

2 Messgrößen und Messverfahren

Bei der Vorbeifahrt von Zügen werden Schwingungen angeregt, die über das Oberbausystem in den Untergrund eingeleitet werden und sich im umgebenden Boden ausbreiten. Dabei werden die Schwingungen auch über die Fundamente auf benachbarte Gebäude übertragen, wodurch diese ihrerseits zu Schwingungen angeregt werden. Die resultierenden Schwingungen können bei entsprechender Größenordnung von Menschen in Gebäuden als spürbare Erschütterungen wahrgenommen werden. Dabei treten bei Anregungen aus dem Eisenbahnverkehr spürbare Erschütterungen vor allem im Frequenzbereich zwischen 4 und 80 Hz auf. Die Schwingungen können aber auch von schwingenden Gebäudeteilen, in der Regel Decken und Wände, in die umgebende Luft abgestrahlt und in Gebäuden als sogenannter sekundärer Luftschall – vor allem im Frequenzbereich von 16 bis 250 Hz – hörbar werden (siehe Abb. 1). Als Oberbegriff für alle Festkörperschwingungen, die sowohl als Erschütterungen als auch als sekundärer Luftschall wahrgenommen werden können, wird im Weiteren der Begriff Körperschall verwendet. Damit wird die klassische Definition des Begriffs „Körperschall" nach [3] auch auf Frequenzen unterhalb von 16 Hz ausgedehnt.

Die wichtigste Größe zur Kennzeichnung von Erschütterungen/Körperschall ist der Schnellepegel L_v:

$$L_v = 20 \cdot \lg \frac{v}{v_0} \quad dB \qquad (1)$$

In Gl. 1 bedeuten:

v Effektivwert der Schwingschnelle in m/s
v_0 $5 \cdot 10^{-8}$ m/s (Bezugsschnelle).

Der Schnellepegel L_v wird sowohl zur quantitativen Beschreibung des Körperschalls in schwingenden Strukturen, wie z. B. Boden, Gebäudefundament und -decke, als auch zur Beschreibung der Körperschallausbreitung und bei der messtechnischen oder rechnerischen Ermittlung der Wirksamkeit von Minderungsmaßnahmen verwendet (z. B. Einfügungsdämm-Maß).

Eine weitere Messgröße ist die Schwingbeschleunigung, welche in der Regel als Beschleunigungspegel

$$L_a = 20 \cdot \lg \frac{a}{a_0} \quad dB \qquad (2)$$

dargestellt wird. Als Bezugsgröße ist $a_0 = 10^{-6}$ m/s^2 sowie $a_0 = \pi \cdot 10^{-4}$ m/s^2 gebräuchlich.

Schwingbeschleunigung a und Schwingschnelle v sind für periodische Vorgänge, die hier praktisch immer vorausgesetzt werden können, bei Verwendung der Zeigerdarstellung entsprechend Gl. 3 miteinander verknüpft (siehe z. B. [4]):

$$|a| = \left|\frac{dv}{dt}\right| = \left|\frac{d(\hat{v} \cdot e^{j\omega t})}{dt}\right| = |j\omega \cdot v|$$
$$= \omega \cdot |v| \qquad (3)$$

Das heißt die Differentiation nach der Zeit bzw. die Integration über die Zeit geht im Frequenzbereich über in die Multiplikation mit der bzw. die Division durch die Kreisfrequenz ω.

Messungen zur Ermittlung der körperschalltechnischen Situation in der Umgebung von Schienenverkehrswegen sind nach [5, 6, 7] durchzuführen.

Nach [7] wird als Messposition zur Bestimmung der Emission von oberirdischen Strecken vorzugsweise der „8 m-Messpunkt" eingerichtet (siehe Abb. 1), d. h. eine Messposition an der Erdoberfläche, 8 m seitlich der Gleisachse. Mögliche Anbringungsarten nach [6] sind die Befestigung auf einem Erdspieß, das Eingraben der Aufnehmer, das Anbringen am Boden eines

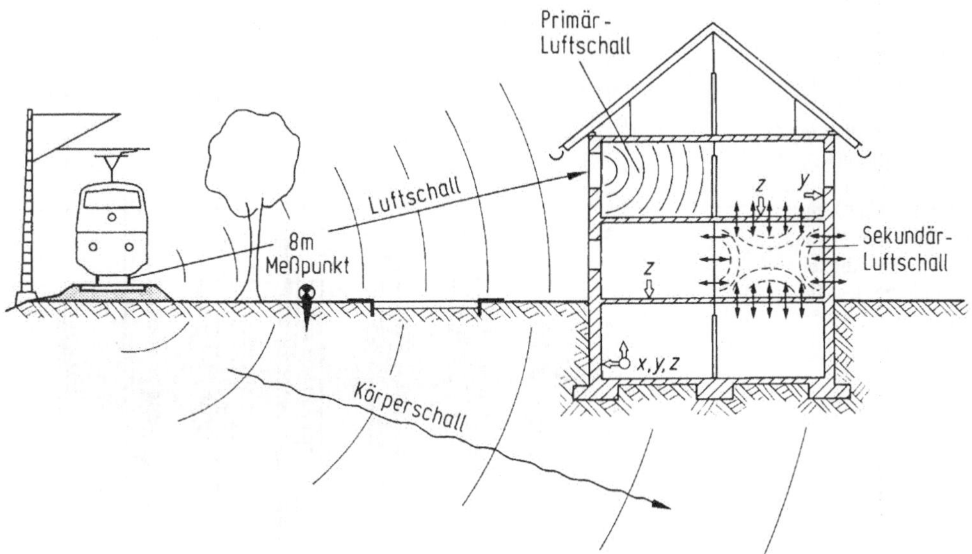

Abb. 1 Skizze zur Veranschaulichung der in der Nachbarschaft einer oberirdischen Eisenbahnstrecke verursachten Körperschall- und Luftschall-Immissionen, mit Lage typischer Messpunkte zur Ermittlung der Emission (8 m-Messpunkt) und der Immissionen: x,y,z = Schwingungsrichtungen; x parallel zur Gleisachse (horizontal); y senkrecht zur Gleisachse (horizontal); z senkrecht zur Erdoberfläche (vertikal)

Bohrloches oder die Befestigung auf einer Platte, die auf einem Sandflächenfundament auf der Erdoberfläche eingeschlämmt ist.

An unterirdischen Strecken haben sich zur Messung der Emission aus praktischen Gründen (Zugänglichkeit usw.) vor allem Messpositionen an der Tunnelwand, etwa 1,6 m bis 2 m über Schienenoberkante (SO) bewährt, wobei darauf zu achten ist, dass die Hinterfüllung der Tunnelschale beträchtlichen Einfluss auf die Körperschallpegel an der Tunnelwand haben kann [7].

Messpositionen zur Bestimmung der Immissionen in benachbarten Gebäuden, z. B. an Fundamenten, an tragenden Bauteilen in Obergeschossen oder an Geschossdecken (siehe Abb. 1), sind je nach Aufgabenstellung nach [6, 8] oder [9] einzurichten.

Beispiele für typische Ergebnisse einer Körperschallmessung in der Umgebung einer Eisenbahnstrecke zeigen die Abb. 2, 3 und 4, wobei im vorliegenden Fall der Emissionsmesspunkt 3 m seitlich der Gleisachse eingerichtet war. Dadurch kann man in Abb. 2 an den Zeitabschnitten hohen bzw. niedrigen Spitzenwertes der Schwingbeschleunigung besonders deutlich die Vorbeifahrt von Drehgestellen (Radsätzen) bzw. Wagenmittelteilen erkennen. Im Abstand von 32 m haben die Beschleunigungen deutlich abgenommen und die Vorbeifahrtzeitpunkte der Drehgestelle sind, aufgrund der Überlagerung der Beiträge von den verschiedenen Drehgestellen, nicht mehr zu erkennen. Die Messungen im Innern des benachbarten Gebäudes sind als Zeitverlauf des Beschleunigungspegels (mit einer Zeitkonstante $\tau = 125$ ms und $\tau = 1$ s) (Abb. 3) und als Terzpegel-Spektrum der Schwingschnelle (Abb. 4) dargestellt. Eine frequenzabhängige Betrachtung gemäß Abb. 4 ist für die Auslegung von Minderungsmaßnahmen unbedingt erforderlich.

Zur Bewertung der Einwirkung von Erschütterungen auf Menschen werden die sogenannten *KB*-Werte herangezogen. Das *KB*-Signal ist gemäß [5] das durch Frequenzbewertung und Normierung des unbewerteten Schnellesignals *v(t)* entstandene Signal *KB(t)*. Dabei entspricht der Frequenzgang der *KB*-Bewertung näherungsweise dem eines einpoligen Hochpasses mit einer Grenzfrequenz von 5,6 Hz.

Der Wert KB_F ist der momentane Zahlenwert des gleitenden Effektivwertes mit der Zeitbewer-

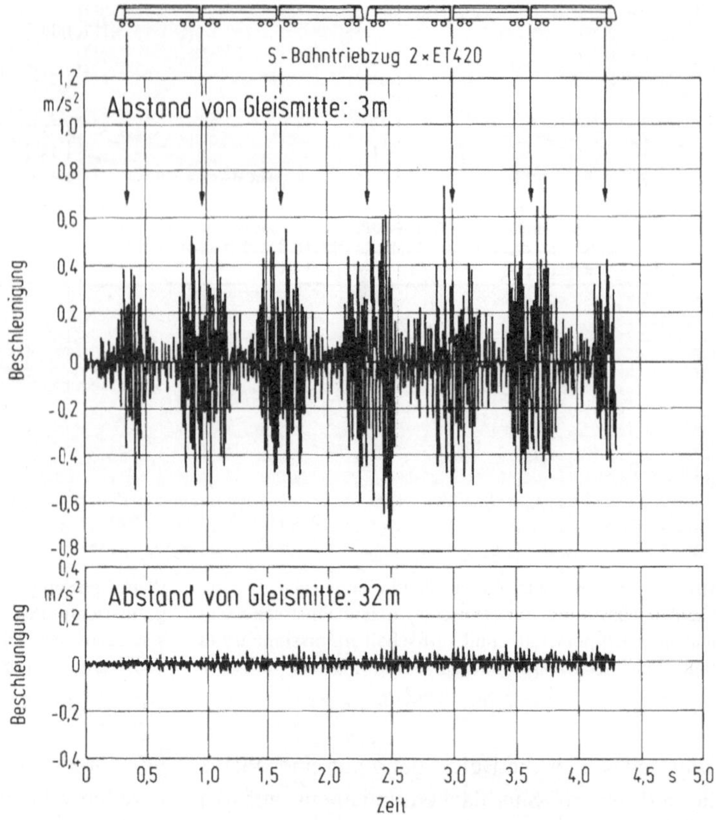

Abb. 2 Zeitverlauf der Schwingbeschleunigung im Boden, gemessen auf einem Erdspieß im Nahbereich und in größerer Entfernung von einer oberirdischen Eisenbahnstrecke bei Vorbeifahrt des Triebzuges ET 420 auf Schotteroberbau mit einer Geschwindigkeit von 120 km/h, bei jeweils gleichem Ordinatenmaßstab

tung „Fast" ($\tau = 125$ ms) des Signals *KB(t)*. Der während der Beobachtungsdauer aufgetretene höchste KB_F-Wert wird als KB_{Fmax}-Wert bezeichnet. Die DIN 4150, Teil 2 „Erschütterungen im Bauwesen, Einwirkungen auf Menschen in Gebäuden" [8] schlägt zur Beurteilung von Erschütterungen ein Taktmaximalverfahren vor. Dabei wird die Beobachtungszeit in Takte von 30 Sekunden Länge mit dem dazugehörigen Maximalwert KB_{Fmax} eingeteilt. Aus den Taktmaximalwerten wird dann unter Berücksichtigung der Einwirk- und Beurteilungszeiten die Beurteilungs-Schwingstärke KB_{FTr} gebildet und mit Anhaltswerten verglichen.

Die direkte Messung des sekundären Luftschalls im Innern eines Gebäudes kann nach VDI 2038, Blatt 3 [10] in Anlehnung an die DIN EN ISO 16032 [11] erfolgen. Hierzu muss der Luftschall an mindestens drei Mikrofonpositionen im Raum zeitgleich mit dem Körperschall an jeweils mindestens drei Oberflächenpunkten der dominierend abstrahlenden raumbegrenzenden Flächen gemessen werden. Die Bewertung erfolgt anhand des A-bewerteten Schalldruckpegels. Allerdings ist das Verfahren sehr aufwändig und die Ergebnisse können – zumindest bei oberirdischen Strecken – durch den direkten Luftschall der Züge beeinflusst werden. Die VDI 2038, Blatt 3 [10] nennt Verfahren zur rechnerischen Korrektur auf der Basis von Abschätzungen oder genaueren Berechnungen mittels der Finite-Elemente-Methode (FEM) oder der statistischen Energieanalyse (SEA).

Ein Verfahren zur Abschätzung des sekundären Luftschalls aus gemessenen Körperschallpegeln nach [12] ist in die entsprechende Richtlinie der Deutschen Bahn (zurzeit in der Entwurfsfassung) [13] aufgenommen, kann aber bei Einzelereignissen zu Abweichungen von bis zu 10 dB führen.

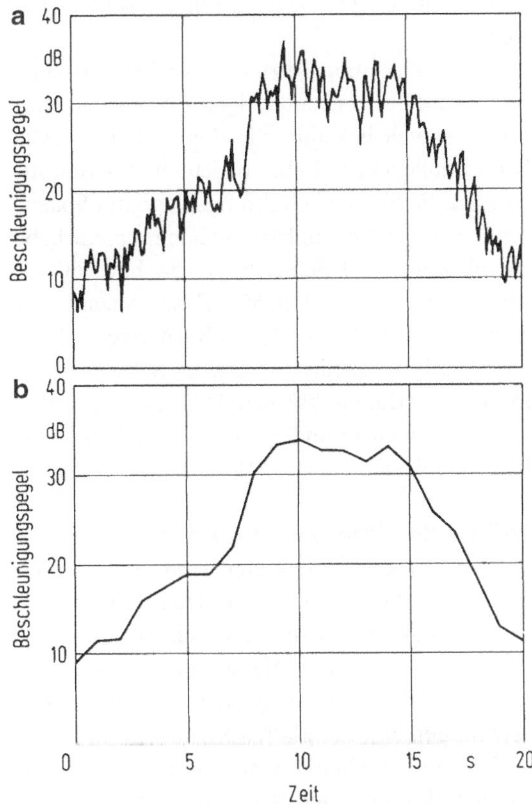

Abb. 3 Zeitverlauf des Beschleunigungspegels L_a in dB re. $\pi \cdot 10^{-4}$ m/s², gemessen auf einer Geschossdecke im 3. Obergeschoss eines ca. 35 m seitlich einer oberirdischen Eisenbahnstrecke gelegenen Wohnhauses, bei Vorbeifahrt des Triebzuges ET 420 auf Schotteroberbau mit einer Geschwindigkeit von 120 km/h. Es sind Zeitkonstante bei der Effektivwertbildung: **a** $\tau = 0{,}125$ s („FAST"); **b** $\tau = 1{,}0$ s („SLOW")

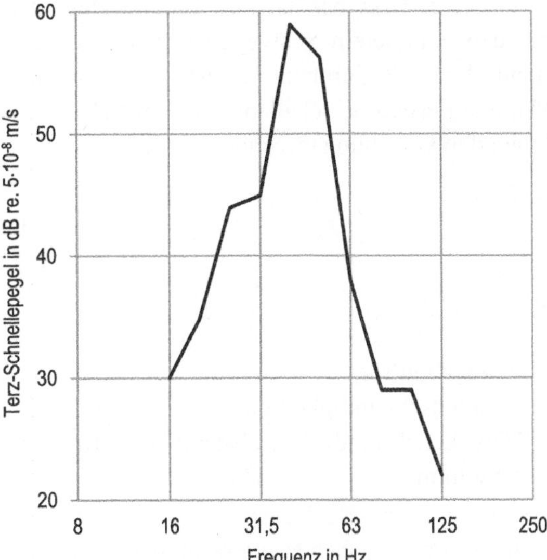

Abb. 4 Körperschall, ermittelt aus einer Messung auf einer Geschossdecke im 3. OG eines ca. 35 m seitlich einer oberirdischen Eisenbahnstrecke gelegenen Wohnhauses, bei Vorbeifahrt eines Triebzuges ET 420 auf Schotterober- bau mit einer Geschwindigkeit von 120 km/h

3 Mechanismen

3.1 Körperschallentstehung

Allgemein

Der Körperschall entsteht im Rad-Schiene(R-S)-Kontaktpunkt und breitet sich von dort in das Fahrzeug sowie in den Untergrund aus. Die Grundlagen der Körperschallentstehung beim Rad-Schiene-System sind z. B. in [14–20] dargestellt.

Die Anregung im R-S-Kontaktpunkt erfolgt, neben den Kräften aus den Unwuchten des drehenden Rades (*Massenkrafterregung*), haut-sächlich aus zwei Mechanismen heraus:

a) Eine Anregung von Schwingungen erfolgt aufgrund von geometrischen Formabweichungen von Rad und Schiene (Irregularitäten der Schienen- und der Radlaufflächen in Abhängigkeit der Wellenlänge λ). Diese Anregung wird *als Weg- oder Geschwindigkeits-Erregung* bezeichnet und führt zu dynamischen Kontaktkräften, die das gesamte R-S-System zu Schwingungen anregen.

b) Örtliche und damit zeitliche Steifigkeits-schwankungen des Gleis-Oberbau-Systems beim Überrollvorgang führen zu einer örtlich wechselnden statisch/dynamischen Einsenkung der Schienenlauffläche. Diese Form der Anregung wird als *parametrische Schwingungserregung* bezeichnet. Steifigkeitsschwankungen treten periodisch im Schwellenabstand (Anregungen treten dann bei der sogenannten *Schwellenfachfrequenz* auf) und stochastisch mit wechselnder Bettungssteife auf (Schotter auf Planum).

Für beide Ursachen kann die Frequenzlage der mit den Parametern Schwellenabstand, Achsabstand bzw. Radumfang zusammenhängenden Maxima der Körperschallanregung mit Hilfe der folgenden Gleichung errechnet werden:

$$f_x = \frac{v_{\text{Zug}}}{x} \qquad (4)$$

mit

f_x Frequenz in Hz,
v_{Zug} Zuggeschwindigkeit in m/s,
x Schwellenabstand, Achsabstand bzw. Radumfang in m

In der Praxis haben sich sowohl das Fahrzeug, der Oberbau, der Untergrund und die Trassierung als maßgebliche Einflussgrößen bezüglich der Körperschallentstehung erwiesen. Tab. 1 gibt einen Überblick über die wesentlichen Einflussfaktoren (siehe hierzu auch [21]).

Im Folgenden werden einige der wesentlichen Einflussfaktoren am Beispiel von Messungen in Betriebsgleisen diskutiert. Es ist allerdings zu beachten, dass die verschiedenen Einflüsse nicht unabhängig voneinander sind. So kann z. B. der Fahrzeugeinfluss an ober- und unterirdischen Strecken unterschiedlich sein, daher werden im

Tab. 1 Faktoren, die Einfluss auf die Körperschallanregung haben!

Fahrzeug	Zuggeschwindigkeit, unabgefederte Radsatzmasse, dynamische Achslasten, Fahrzeuggeometrie (v. a. Achsabstände im Drehgestell, Drehgestellabstand), Zustand des Fahrzeuges (v. a. Irregularitäten der Radlaufflächen), Eigenschwingungen von Fahrzeugteilen
Oberbau	Oberbauart (Schotteroberbau, Feste Fahrbahn), Streckenführung (Gerade, Bogen, Weiche), elastische Elemente im Oberbau (Steifigkeit und Dämpfung), Schwellenabstand, Zustand des Oberbaus (Irregularitäten der Schienenlauffläche und der Gleislage)
Boden	Untergrundsteifigkeit, Untergrunddämpfung
Trassierung	Damm, Einschnitt, Tunnel

Weiteren möglichst beide Einflüsse separat betrachtet.

Da die Zusammensetzung des Oberbaus auch Einfluss auf die Erschütterungen haben kann, wird diese – soweit bekannt – in dem Schema *(a)(b) Zahl(c)* angegeben. Dabei bedeuten: *(a)* Befestigungsart: W für Winkelführungsplatte mit Spannklemme; K für Rippenplatte mit Klemmplatte bzw. Spannklemme, *(b)* Schienentyp: 54 bzw. 60 für Schiene S54 bzw. UIC60, *Zahl* Anzahl der Schwellen je 1000 m Gleis, üblicherweise 1667 (wird häufig weggelassen) und *(c)* Schwellentyp: B58/B70 für Betonschwellen; H für Holzschwelle. Zu allgemeinen Grundlagen der Oberbau- bzw. Bahntechnik siehe z. B. [22].

Einfluss des Oberbaus und des Bodens

Wichtige Oberbauparameter sind die Massen (Schiene, Schwelle, Schotter, Tragplatten usw.) und Steifigkeiten (Schotter, elastische Zwischenlagen) der am Schwingungsgeschehen beteiligten Oberbaukomponenten, sowie Abweichungen von der glatten Schienenoberfläche (Wellen mit Wellenlängen > 8 cm, Weichen, Isolierstöße) und der Schwellen- bzw. Stützpunktabstand.

Der Einfluss der Schotterbettdicke auf die Körperschallanregung ist relativ gering [23]. Ebenso hat sich kein nennenswerter Unterschied in der Körperschallanregung zwischen Schotteroberbau und den heute an Neubaustrecken üblichen „Festen Fahrbahnen" [24] im Frequenzbereich < 80 Hz in der Umgebung unterirdischer Strecken ergeben [25]. Bei oberirdischen Strecken wurde dagegen festgestellt, dass die Körperschallanregung des Bodens in einer Entfernung von 20 m bis 70 m seitlich einer Strecke mit Fester Fahrbahn gegenüber einem anschließenden Abschnitt mit Schotteroberbau etwas niedriger war [26]. In einer Untersuchung basierend auf Messungen und Simulationen wurde gezeigt, dass die Verbesserung der Erschütterungssituation bei Festen Fahrbahnen auf geringere Irregularitäten der Schienenlaufflächen bzw. auf die im Vergleich zum Schotteroberbau in der Regel insgesamt bessere Gleislagequalität zurückzuführen ist [27]. Ferner zeigen Erfahrungen aus Untersuchungen im Rahmen des vom „European Railway Research Institute" (ERRI, früher ORE) durchgeführten Projektes RENVIB II, dass eine Betonplatte auf „weichem" Boden zu einer besseren Anpassung, d. h. erhöhter Körperschalleinleitung in den Untergrund führt und somit, u. U. aufgrund von Reflexionen an Schichtgrenzen, in einiger Entfernung zu deutlich höheren Körperschallpegeln führen kann. Bei Straßenbahnen wurde beobachtet, dass der Körperschall vor allem im Frequenzbereich zwischen 40 Hz und 80 Hz zunimmt, im niedrigen Frequenzbereich dagegen eine Reduktion auftritt.

Der Unterhaltungszustand des Oberbaus, insbesondere die Güte des Schotterbettes und des Planums haben insofern deutlichen Einfluss auf die Körperschallanregung, als ein guter Unterhaltungszustand zu niedrigen Emissionen führt.

Bei gleichen Fahrzeug- und Oberbaukomponenten kann die Körperschallanregung sehr unterschiedlich sein, je nachdem, ob eine Strecke oberirdisch in ebenem Gelände, auf einem Damm, im Einschnitt, gerade oder im Gleisbogen, oder aber unterirdisch in einem Tunnel verläuft.

Felsiger Untergrund wird schwächer als weicher Boden angeregt. Die dominierenden spektralen Komponenten liegen bei weichem Boden in der Regel bei niedrigeren Frequenzen als bei felsigem Boden.

Untersuchungen zur Streuung der Körperschallemission an verschiedenen Querschnitten wurden im Rahmen des Projektes RIVAS durchgeführt. Basierend auf Messungen in der Schweiz zeigt Abb. 5, dass vergleichbare Güterwagen an verschiedenen Messorten auch bei vergleichbaren Oberbaukomponenten zu deutlich unterschiedlichen Emissionen neben dem Gleis führen können [28]. Mögliche Ursachen sind neben Unterschieden in den Bodeneigenschaften auch unterschiedliche Zustände des Oberbaus. Der Vergleich in Abb. 5 zeigt, dass Emissionsspektren nicht ohne genaue Betrachtung der vorliegenden Bedingungen von einem Ort zum anderen übertragen werden können.

Die sich aus dem Zusammenwirken von Fahrzeug, Oberbau und Untergrund einstellende *Resonanzfrequenz* f_{RS} (Resonanz der unabgefederten Fahrzeugmasse auf dem elastischen Oberbau/Untergrund, in der Literatur findet sich auch die Bezeichnung *Rad-Schiene-Resonanz*) stellt eine wichtige Anregungskomponente dar.

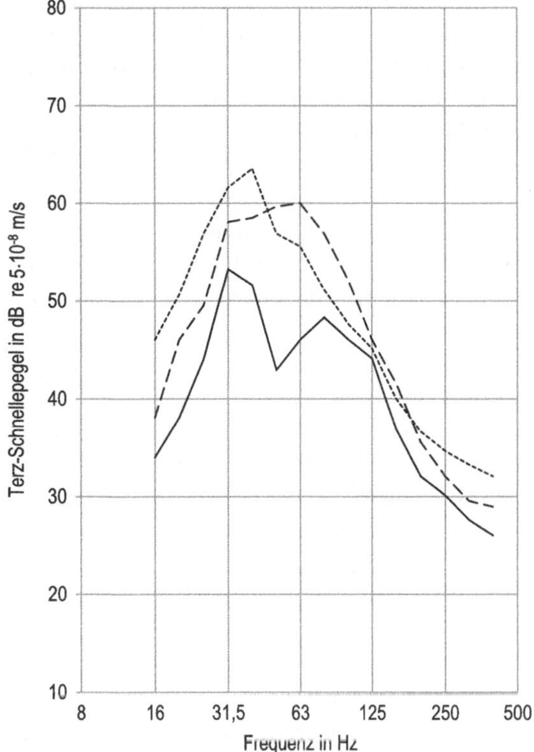

Abb. 5 Körperschall im Boden (auf Erdspieß) 8 m seitlich von Gleismitte verschiedener oberirdischer Eisenbahnabschnitte in der Schweiz bei Vorbeifahrt von vergleichbaren Güterwagen mit Geschwindigkeiten zwischen 70 und 80 km/h. ———— Thun; – – – – Cadennazzo; - - - - - - Ligerz [28]

Die Resonanzen liegen sowohl für den Schotteroberbau als auch für die Feste Fahrbahn bei Vollbahnen im Frequenzbereich zwischen 30 Hz und 80 Hz, bei speziellen Straßenbahn-Oberbauten (hierbei wurden Rillenschienen auf einen Schotterunterbau mit Split aufgebracht und dann eingepflastert) können auch Resonanzfrequenzen von ca. 15 Hz auftreten. Bei Schotteroberbau mit sehr steifer Bettung kann die Resonanz im Bereich bis 100 Hz liegen.

Bei unterirdischen Streckenführungen ist der Einfluss der Tunnelbauart (Kreisquerschnitt, ovaler Querschnitt, Rechteckquerschnitt, ein- oder zweigleisig) nicht abschließend geklärt. Umfangreiche Messungen an Tunnel der Neubaustrecken mit Dicken der Tunnelsohle und der Tunnelwand, die zwischen 0,6 m und 1,2 m variierten, ließen keinen Einfluss erkennen [29]. Untersuchungen am Nord-Süd-Tunnel in Berlin zeigen jedoch deutliche Unterschiede in der Körperschallanregung zwischen einem Tunnelabschnitt mit steifem Rechteckquerschnitt und einem Tunnelabschnitt in Tübbingbauweise [70]. Der Einfluss der Bettung des Tunnels im umgebenden Erdreich ist dagegen klar erkennbar. So wurden z. B. bei Tunnelbettungen im Lockergestein höhere Körperschallanregungen in der Umgebung beobachtet als bei Tunnelbettungen in Fels oder Festgestein [29].

Einfluss des Fahrzeuges

Beim Fahrzeug haben vor allem die Geschwindigkeit, die unabgefederte Radsatzmasse, das Wagenkastengewicht, der Drehgestell- und Achsabstand, der Radumfang sowie Fehler an den Rädern (Unrundheiten, Flachstellen auf der Radlauffläche) einen Einfluss auf die Körperschallentstehung.

Der Einfluss verschiedener Fahrgeschwindigkeiten auf das Spektrum des Körperschalls im Boden seitlich einer oberirdischen Eisenbahnstrecke bei sonst gleichen Randbedingungen ist in Abb. 6 am Beispiel eines Nahverkehrszuges (S-Bahn, ET 420) dargestellt.

Abb. 7 zeigt analog dazu die Verhältnisse an einer Fernverkehrsstrecke bei Vorbeifahrt des ICE 1 [25].

Der Körperschall steigt prinzipiell mit der Fahrgeschwindigkeit an. Die Frequenzen der spektralen Maxima sind teilweise unabhängig von der Fahrgeschwindigkeit, teilweise steigen sie mit der Fahrgeschwindigkeit an.

Wenngleich ein unmittelbarer Vergleich der beiden Abbildungen vermieden werden sollte, da die Messungen an verschiedenen Streckenabschnitten (verschiedener Untergrund) mit unterschiedlichen, für Nah- bzw. Fernverkehrsstrecken üblichen Oberbauarten stattgefunden haben, so lässt sich dennoch anhand der dargestellten Ergebnisse der Einfluss der wichtigsten geschwindigkeitsabhängigen, zu einer periodischen Anregung führenden Parameter wie Schwellenabstand und Achsabstand bzw. Radumfang (im Falle von Unrundheiten) erläutern.

Rechnet man in Gl. 4 mit den üblichen Werten von ca. 0,6 m für den Schwellenabstand und von

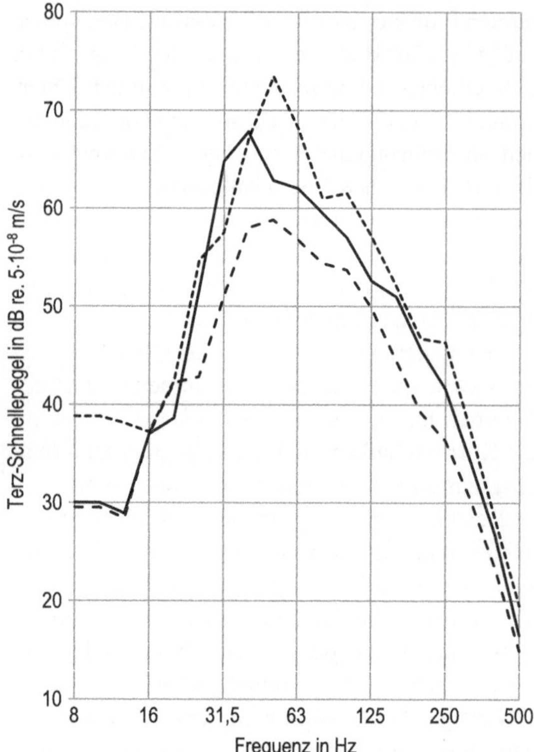

Abb. 6 Körperschall im Boden (auf Erdspieß) 8 m seitlich von Gleismitte einer oberirdischen Eisenbahnstrecke bei Vorbeifahrt des Triebzuges ET 420 mit verschiedenen Geschwindigkeiten auf Schotteroberbau der Bauart W54 B58). – – – – 40 km/h; ———— 80 km/h; - - - - - - 120 km/h

ca. 2,5 m bis 3 m für den Achsabstand bzw. den Radumfang, so ergibt sich, dass im interessierenden Frequenzbereich von ca. 16 Hz bis 125 Hz für Geschwindigkeiten unter etwa 100 km/h nur die Schwellenfachfrequenz zum Tragen kommt, im Geschwindigkeitsbereich $100 < v < 200$ km/h sowohl die Schwellenfachfrequenz, als auch längerwellige Irregularitäten, wie z. B. Radpolygone niedriger Ordnung, zu beachten sind und im Bereich über ca. 200 km/h im Wesentlichen nur letztere maßgeblich sind.

Immer dann, wenn geschwindigkeitsabhängige Anregungen in einem Frequenzbereich auftreten, in dem Resonanzen des Systems Fahrzeug-Oberbau liegen, wie z. B. die Resonanzfrequenz f_{RS}, kommt es zu einer stark überhöhten Körperschallanregung. Dies soll anhand der in Abb. 8a

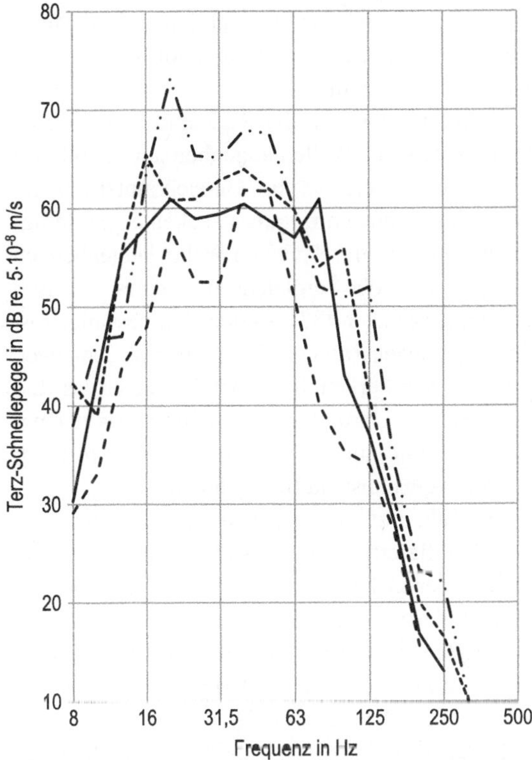

Abb. 7 Körperschall im Boden (auf Erdspieß) 8 m seitlich von Gleismitte einer oberirdischen Eisenbahnstrecke bei Vorbeifahrt des ICE 1 mit verschiedenen Geschwindigkeiten auf Schotteroberbau der Bauart W60 B70 − − − − − 100 km/h; ——— 160 km/h; ·········· 200 km/h; −··−··−·· 250 km/h

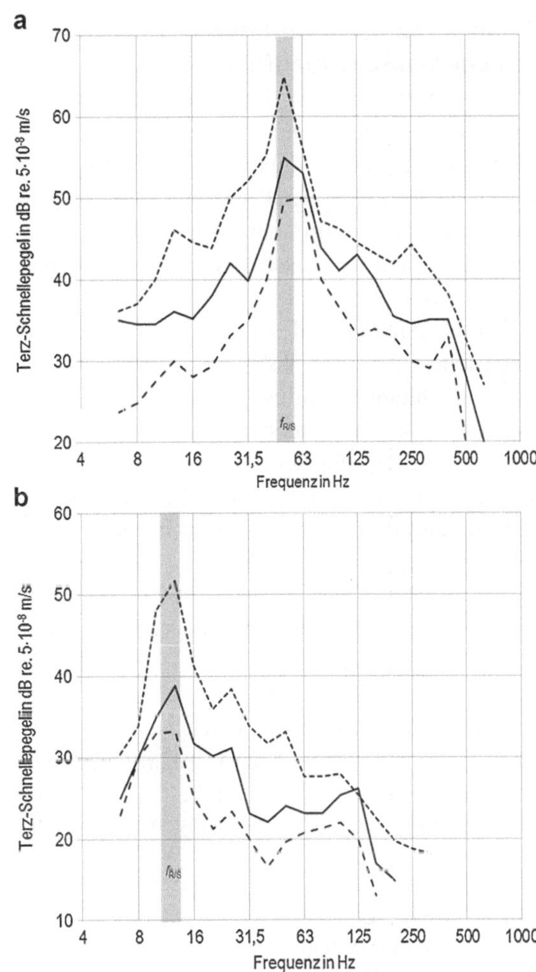

Abb. 8 Körperschall an der Tunnelwand eines zweigleisigen Rechtecktunnels bei Vorbeifahrt des Triebzuges ET 420 auf **a)** einem Schotteroberbau der Bauart K 60 H und **b)** auf einem tiefabgestimmten schotterlosen Oberbau (Masse-Feder-System), die Geschwindigkeiten der Triebzüge waren v: − − − − − v = 30 km/h; ——— v = 60 km/h; ·········· v = 120 km/h

und b dargestellten Ergebnisse von Messungen in zwei Abschnitten des gleichen Tunnelbauwerkes verdeutlicht werden (aus [25]), von denen einer mit üblichem Schotteroberbau (hier der Bauart K 60 H mit Holzschwellen) und der andere mit einem tiefabgestimmten, schotterlosen Oberbau ausgerüstet ist (auch *Masse-Feder-System* genannt, siehe z. B. [30, 31]).

Beim untersuchten Schotteroberbau liegt die Resonanzfrequenz f_{RS} im Terzband mit der Mittenfrequenz von 50 Hz. Bei einer Geschwindigkeit von 120 km/h tritt die Schwellenfachfrequenz $f_{s,120}$ im gleichen Terzband auf, wodurch der Körperschall bei dieser Frequenz besonders hoch ist und um ca. 10 dB im Vergleich zu v = 60 km/h ansteigt (Abb. 8a). Beim Masse-Feder-System dagegen liegt die Resonanzfrequenz f_{RS} bei

ca. 12 Hz, d. h. um zwei Oktaven tiefer als beim Schotteroberbau (Abb. 8b). Infolge der Entkopplungswirkung des Masse-Feder Systems nehmen die maximal auftretenden Pegel im Vergleich zum Schotteroberbau ab. Allerdings tritt bei v = 120 km/h ebenfalls eine deutliche Überhöhung des Körperschalls um ca. 14 dB im Vergleich zu v = 60 km/h auf. Die Ursache ist hier nicht bekannt, könnte jedoch in der Unrundheit der Räder (Durchmesser 0,85 m) begründet liegen.

Einfluss von Irregularitäten der Schienen- und Radlaufflächen

Bei den in Deutschland vorkommenden Bodentypen ist neben der parametrischen Anregung vor allem die Weg- oder Geschwindigkeitsanregung, die auf die Irregularitäten der Schienen- und Radlaufflächen zurückzuführen ist, die wesentliche Anregungsquelle für Erschütterungen und sekundären Luftschall.

Die Irregularitäten des Rades (wie z. B. eine Flachstelle oder eine Polygonisierung) können einen signifikanten Einfluss auf die Körperschallemissionen haben. Untersuchungen an einigen – aus körperschalltechnischer Sicht besonders auffälligen – Lokomotiven in der Schweiz haben gezeigt, dass der Einfluss der Rad-Irregularitäten auf den Körperschall in einzelnen Terzbändern bis zu 15 dB betragen kann [32]. Die tatsächlich auftretenden Effekte hängen aber auch von dem Schienenzustand ab.

Zur Verdeutlichung des Einflusses verschiedener radseitiger Irregularitäten werden die Vorbeifahrtpegel eines sechsteiligen U Bahn-Fahrzeugs für verschiedene Geschwindigkeiten an einer oberirdischen Strecke in der Abb. 9 dargestellt.

Dabei wurde nicht an dem üblichen 8 m-Messpunkt sondern in einem Abstand von 10 m seitlich der Gleisachse gemessen.

Zeitgleich wurden die Rad- und Schienen-Irregularitäten (im Wellenlängenbereich bis 60 cm) messtechnisch erfasst. Im Bereich unter 60 cm zeigt die Schienenirregularität keine Auffälligkeiten und liegt im relevanten Wellenlängenbereich bis 8 cm unter der Vergleichskurve eines akustisch guten Gleises nach [33]. In den Radmessungen ist eine beginnende Polygonisierung mit Wellenlängen von ca. 13 cm erkennbar. Ebenfalls zeigt das Rad eine deutliche Unrundheit 1. Ordnung, was zu einer Anregung mit einer Wellenlänge von 2,7 m führt. Der Schwellenabstand betrug 60 cm.

Die Tab. 2 zeigt den Zusammenhang zwischen den identifizierten Irregularitäten und den bei den verschiedenen Fahrgeschwindigkeiten daraus resultierenden Anregungsfrequenzen.

Als Beispiel für den Einfluss des Zustandes der Schienenfahrfläche auf die Körperschallanregung soll die Abb. 10 dienen [25].

In der Abbildung ist die spektrale Zunahme des Körperschalls an der Tunnelwand einer sehr stark befahrenen S-Bahnstrecke infolge des Auftretens

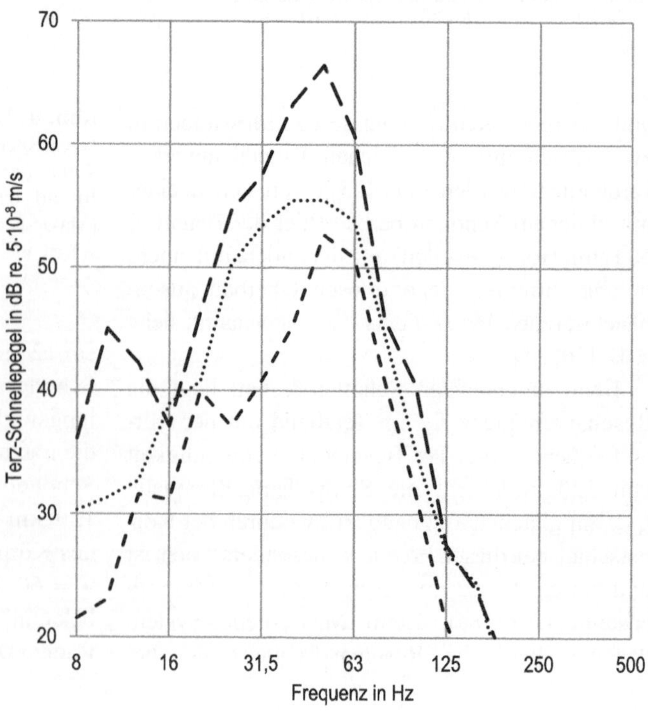

Abb. 9 Körperschall im Boden (auf Erdspieß) 10 m seitlich von Gleismitte bei Vorbeifahrt eines U-Bahn Fahrzeugs mit - - - - v = 30 km/h; ··········v = 60 km/h; – – – – - · v = 90 km/h

Tab. 2 Zusammenhang zwischen den identifizierten Rad- und Schienen-Irregularitäten und den bei den verschiedenen Fahrgeschwindigkeiten daraus resultierenden Anregungsfrequenzen

Wellenlänge in m	Anregungsfrequenzen in Hz bei v = 30 m/h	Anregungsfrequenzen in Hz bei v = 60 km/h	Anregungsfrequenzen in Hz bei v = 90 km/h
2,7	3	6	9
0,6	14	28	42
0,4	21	42	63
0,13	64	128	192

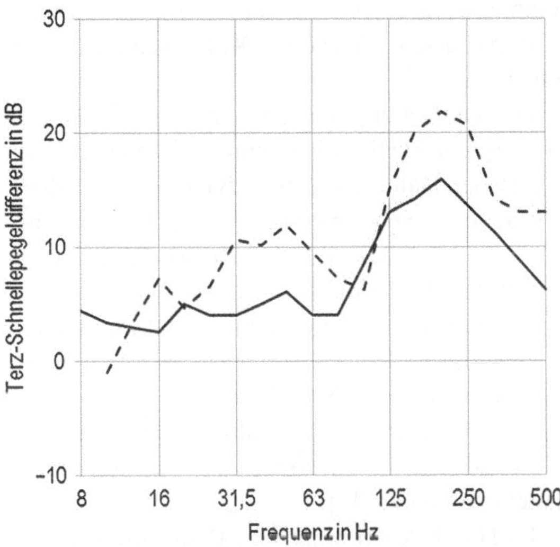

Abb. 10 Einfluss von Schlupfwellen mit einer Wellenlänge von ca. 8 cm bis 10 cm auf der bogeninneren Schiene eines im Bogen verlaufenden Gleises (Radius r = 420 m) auf den Körperschall an der Tunnelwand bei Vorbeifahrt von Triebzügen ET 420 mit einer Geschwindigkeit von ca. 60 km/h. ———— Differenz vor/nach Schienenschleifen; – – – – – Differenz 15 Monate nach/unmittelbar nach Schienenschleifen

von sog. Schlupfwellen auf der Schienenfahrfläche dargestellt.

Schlupfwellen entstehen üblicherweise in engen Gleisbögen mit Radien von weniger als 500 m durch Schlupf des Radsatzes infolge fehlender Radialeinstellung. Sie haben Wellenlängen von ca. 8 cm bis 25 cm und treten in der Regel auf der bogeninneren Schiene auf, sie können aber auch bei großen Wellentiefen (Größenordnung 0,5 mm) auf der bogenäußeren Schiene auftreten.

Die Beseitigung der Schlupfwellen erfolgt durch das Schleifen der Schienenfahrflächen mit Schienenschleifzügen. Wie man der Abb. 10 ent-

nehmen kann, sind 15 Monate nach dem Schleifvorgang wieder Schlupfwellen, mit sogar noch größerer Auswirkung auf den Körperschall an der Tunnelwand, vorhanden. Im vorliegenden Fall hat dies im Vergleich zu glatten Schienenfahrflächen in dem bezüglich Erschütterungen relevanten Frequenzbereich bis etwa 125 Hz zu einer Pegelanhebung von ca. 10 dB geführt, während der Körperschall im höheren Frequenzbereich von ca. 125 Hz bis 315 Hz, der hinsichtlich 570 der Wahrnehmung von sekundärem Luftschall 571 kritisch sein kann, sogar um bis zu ca. 20 dB zugenommen hat.

Einfluss der Trassierung

Als Beispiel für den Einfluss der Trassierung auf die Körperschallemissionen von Bahnstrecken sind in Abb. 11 und 12 typische Körperschallspektren von Messungen im Boden bei Vorbeifahrt verschiedener Zugarten mit ihren charakteristischen Fahrgeschwindigkeiten dargestellt, zum einen für Fahrten auf einem oberirdischen Streckenabschnitt der Neubaustrecke Würzburg-Fulda und zum anderen für Fahrten durch einen Tunnel mit niedriger Überdeckung im Bereich der Neubaustrecke Mannheim-Stuttgart, jeweils auf Schotteroberbau der Bauart W60 B70 [25].

Unterschiede zwischen den Spektren für oberirdische und unterirdische Streckenführung ergeben sich u. a. aus den verschiedenen Ankopplungsverhältnissen zwischen Oberbau und Planum einerseits, sowie Oberbau/Tunnelsohle und Boden andererseits (Näheres hierzu siehe z. B. [51]). Darüber hinaus zeigt Abb. 12, dass bei Zugfahrten in Tunnelbauwerken das Anregungsmaximum typischerweise im Bereich der Resonanzfrequenz f_{RS} liegt und damit dessen Frequenzlage unabhängig von der Geschwindigkeit ist.

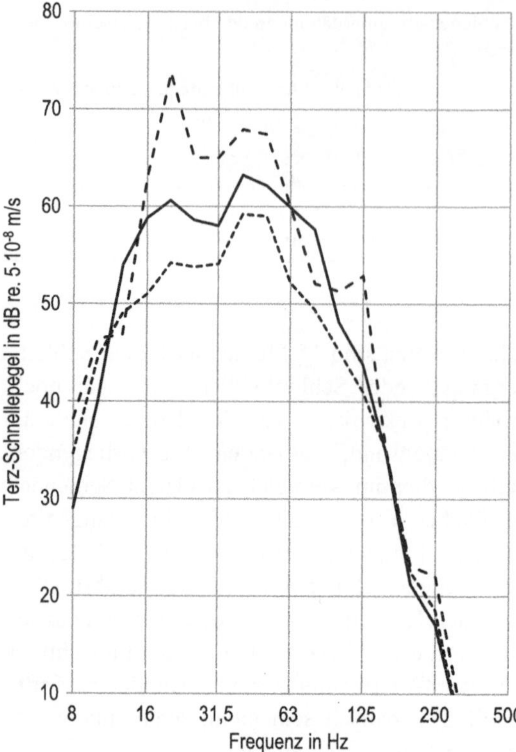

Abb. 11 Körperschall im Boden (auf Erdspieß) 8 m seitlich von Gleismitte einer oberirdischen Eisenbahnstrecke bei Vorbeifahrt verschiedener Zugarten auf Schotteroberbau der Bauart W60 B70 mit der jeweils typischen Geschwindigkeit. ············· Güterzug, v = 100 km/h; ———— Fernverkehrszug, v = 160 km/h; – – – – – – ICE, v = 250 km/h

3.2 Körperschallausbreitung

Der durch den Boden weitergeleitete Körperschall nimmt mit zunehmender Entfernung von der Körperschallquelle ab. Die Abnahme erfolgt nach bestimmten Gesetzmäßigkeiten und hängt von Wellenart, Wellenlänge und Frequenzgehalt der Anregung der an der Körperschallausbreitung beteiligten Wellenarten (Raumwellen, Oberflächenwellen siehe z. B. [35–38]) und von den Bodeneigenschaften ab. Zusätzlich zur geometrischen Abnahme, die aus der Verteilung der Körperschallenergie resultiert, erfolgt eine Reduzierung des Körperschalls infolge der Materialdämpfung. Diese ist frequenzabhängig und sehr stark von der Bodenart, der Schichtung und von der Höhe des Grundwasserspiegels abhängig. So hat z. B. Fels

eine geringe und Moorboden eine hohe Ausbreitungsdämpfung.

Weitere Parameter, die wesentlichen Einfluss auf die Körperschallausbreitung haben können, sind Frost, Versorgungs- und Entsorgungsleitungen sowie Stützmauern, betonierte Wege u. ä., die eine direkte Verbindung zwischen Emissions- und Immissionsort bilden. Bei unterirdischer Streckenführung können z. B. Injektionsschirme, die zur Stabilisierung des Umgebungsmaterials in der Bauphase eingesetzt werden, zwischen Tunnelbauwerken und Gebäuden Körperschallbrücken bilden.

Grundlagen zur Bodendynamik, wie z. B. zur Theorie der Wellenausbreitung (eindimensional, elastischer Halbraum usw.), dynamische Bodenkennziffern (Schubmodul, Dichte, Poissonzahl, u. a.), sowie Feld- oder Laborversuche zu deren Ermittlung, findet man z. B. in [37, 39, 40].

Ergebnisse zur Untersuchung der Körperschallausbreitung an Schienenverkehrswegen sind in der sehr umfangreichen SAS Studie [41] angegeben. Eine Kurzfassung der vielfältigen Ergebnisse mit Hinweisen für deren Anwendung in der Praxis findet man in [42, 43].

Im Hinblick auf praktische Bemessungsregeln wurden mit den Daten aus [41] einfache lineare Regressionen des Zusammenhanges

$$L_v = L_0 + k \cdot 20\lg(s/20) \qquad (5)$$

berechnet (in [44], Kurzdarstellung siehe [45]). Dabei gibt L_0 den Terz-Schnellepegel im Abstand $s = 20$ m von der Gleismitte an und k die frequenzabhängige Änderung des Pegels mit dem Abstandsmaß.

Der Abstand von 20 m ist nach [41] deshalb von besonderem praktischen Interesse, weil sich dort für verschiedene Böden oftmals gleiche Körperschallstärken ergeben, weil z. B. eine starke Anregung mit einer großen Ausbreitungsdämpfung verbunden ist oder – wie im Fels – eine schwache Anregung mit einer geringen Ausbreitungsdämpfung einhergeht.

Da sich mit kaum unterschiedlichen Frequenzgängen von k körperschalltechnische Ähnlichkeiten bei geologisch recht unterschiedlichen Böden ergaben [wie z. B. bindigkeitsarme Lockergestei-

Abb. 12 Körperschall im Boden (auf Erdspieß) über einem zweigleisigen Rechtecktunnel mit ca. 2 m Überdeckung, 16 m seitlich der Verbindungslinie Tunnelwand/Erdoberfläche bei Durchfahrt verschiedener Zugarten auf Schotteroberbau der Bauart W60 B70 mit der jeweils typischen Zuggeschwindigkeit. ·············· Güterzug, v = 100 km/h; ——— InterRegio, v = 200 km/h; – – – – – ICE, v = 250 km/h

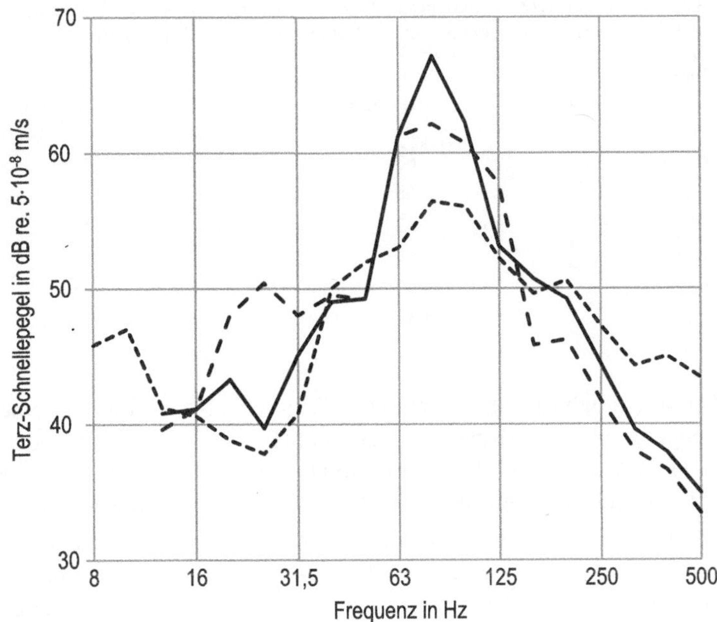

Abb. 13 Abnahme des Terz-Schnellepegels im Erdboden seitlich von Eisenbahnstrecken, bezogen auf eine Entfernung von 8 m (Mittelwert über Vorbeifahrten von S-Bahnen, Güterzügen und Reisezügen, mit den jeweils typischen Zuggeschwindigkeiten, sowie über mehrere Untersuchungsgebiete)

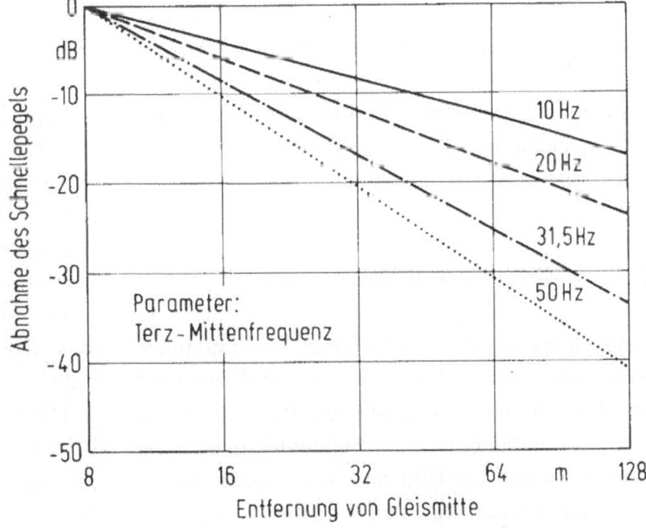

ne über weichem Festgestein, bindige und nicht bindige Lockergesteine sowie Festgesteine (Buntsandstein)] und da außerdem Beobachtungen, nach denen die Pegelabnahme von der Zugart abhängt, auf besondere, erklärbare Ausnahmen beschränkt waren, wurden schließlich alle Messgebiete und Zugarten zusammen ausgewertet. Das Ergebnis aus [45] ist in Abb. 13 bezogen auf die heute zur Charakterisierung von Emissionen an Bahnstrecken übliche Entfernung von 8 m zur

Gleisachse mit der Terz-Mittenfrequenz als Parameter angegeben (siehe auch [43]). Im Nahbereich von Bahnstrecken (<8 m bei oberirdischer und <15 bis 20 m bei unterirdischer Streckenführung) konnten keine eindeutigen Gesetzmäßigkeiten nachgewiesen werden.

Als weiteres Ergebnis einer zusammenfassenden Regressionsanalyse mit den Daten aus [41] ergaben sich die in Tab. 3 angegebenen, über alle Messgebiete gemittelten und um die doppelte

Tab. 3 Mittlere Terz-Schnellepegel L_v zuzüglich der doppelten Reststandardabweichung 2σ in 20 m Abstand von Gleismitte oberirdischer Bahnstrecken (Mittelwerte über 7 Messgebiete)

Terzmitten-Frequenz Hz	ET 420 $v = 120$ km/h	$L_v + 2\sigma$ in dB	
		IC-Züge $v = 140$ km/h	Güterzüge $v = 80$ km/h
10	63	67	66
12,5	66	70	68
20	62	65	62
31,5	64	65	66
50	67	65	64
100	49	49	48

Reststandardabweichung 2σ erhöhten Terz-Schnellepegel L_v in 20 m Abstand vom Gleis [44].

Diese Werte können zusammen mit den Ansätzen für die Pegelabnahme nach Abb. 13 als Grundlage für vorsichtige und überschlägige Körperschallprognosen bei nicht näher bekanntem Untergrund verwendet werden.

Bei geringen Abständen der Wohnbebauung von Gleismitte (10 m bis 20 m) muss u. U. bei anstehendem Fels, bei hochstehendem Grundwasser (Gebäudefundamente im Grundwasser) oder bei Schichten großer Dichte in geringen Tiefen damit gerechnet werden, dass die Körperschallpegel, insbesondere bei tiefen Frequenzen, nicht oder nur sehr wenig abnehmen.

3.3 Körperschallimmission

Beim Übergang vom Erdboden in das Fundament eines Gebäudes erfährt der Körperschall zunächst eine Reduzierung. Diese ist in der Regel abhängig von der Fundamentart, der Fundamentmasse, der Gebäudemasse, der Bodenart, in der das Gebäude gegründet ist, der Tiefe der Fundamentierung und den Wellenarten und Wellenlängen und Frequenzen des Körperschalls im Boden.

Bei der Ausbreitung des Körperschalls im Gebäude kommt es im Allgemeinen zu Erhöhungen infolge der Anregung von Eigenfrequenzen von Bauteilen, insbesondere von Deckenbauteilen. Die Pegelerhöhung in Deckenbauteilen ist stark von deren Konstruktion abhängig. Die entscheidenden Parameter sind Masse, Deckenspannweite, Biegesteifigkeit, Dämpfungsverhalten und Einspannbedingung der Decken.

Zu Problemen können Fußbodenaufbauten wie schwimmende Estriche führen, da diese Konstruktionen schwingfähige Systeme darstellen, deren Eigenfrequenzen oft im Bereich der Hauptanregefrequenzen des aus dem Schienenverkehr herrührenden Körperschalls liegen.

Die Höhe eines Bauwerkes ist für die Körperschallausbreitung in der Regel von untergeordneter Bedeutung [46].

Trotz der genannten und weiterer Einflüsse und der dadurch verursachten Unsicherheiten wurde in [44] der Versuch unternommen, durch geeignete Umrechnung und Normierung der Ergebnisse aus ca. 20 Messberichten verschiedener Messinstitute die Körperschall-Übertragung vom Erdboden ins Fundament und zu Geschossdecken in der Form von mittleren Schnellepegeln des Spitzenwertes mit Standardabweichung zu beschreiben.

Das Ergebnis ist in Abb. 14 getrennt für die drei (Standard-)Schwingungsrichtungen dargestellt.

Die Umrechnung auf gleiche Entfernung von 20 m zur Gleisachse erfolgte, soweit notwendig, entsprechend der in Abb. 13 angegebenen entfernungsbedingten Pegelabnahme.

Am Messort „Boden" liegen die Werte für die drei Schwingungsrichtungen nahe beieinander. Der höchste Wert ergab sich erwartungsgemäß am Messort „Decke" in z-Richtung. Die Differenz zu dem mittleren Pegel im Boden (z-Richtung) beträgt ca. 4 dB. Werden jedoch die Pegel der drei Schwingungsrichtungen energetisch addiert, so beträgt die Differenz zwischen den Messorten „Boden" und „Decke" nahezu 0 dB (siehe auch [43]). Das bedeutet, dass man für überschlägige Abschätzungen zumindest tendenziell richtig

Abb. 14 Körperschall im Boden vor Gebäuden, in Gebäudefundamenten und auf Geschossdecken seitlich von Eisenbahnstrecken mit Mischbetrieb. Mittlere Schnellepegel des Spitzenwertes $20 \cdot \lg \hat{v}/v_0$ mit Standardabweichung, basierend auf mindestens 25 und maximal 130 Messwerten, bezogen auf eine Entfernung von 20 m zur Gleisachse; Bezugschnelle $v_0 = 5 \cdot 10^{-8}$ m/s. Schwingungsrichtung: x parallel zur Gleisachse (horizontal); y senkrecht zur Gleisachse (horizontal); z senkrecht zur Erdoberfläche (vertikal)

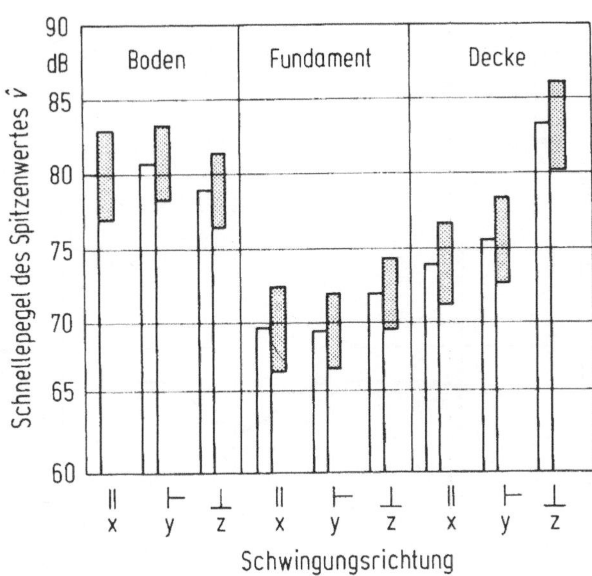

Tab. 4 Statistik der Abmessungen und Resonanzfrequenzen von Geschossdecken in Ein-/Mehrfamilienhäusern mit unterschiedlichem Abstand zu oberirdischen Eisenbahnstrecken. Die betrachteten Gebäude mit Betondecken lagen im Abstand zwischen 5 m und 48 m und die Gebäude mit Holzdecken im Abstand von 4 m bis 82 m von der Gleismitte entfernt

Statist. Größe →Messgröße↓	Minimum	Mittelwert	Maximum	Standard-Abweichung
a) Betondecken (270 Decken in 135 Häusern)				
Deckenfläche m^2	6,0	20,7	64,0	3,8
Deckenlänge m	3,0	5,2	10,7	1,3
Deckenbreite m	2,0	3,9	8,0	0,8
Seitenverhältnis (—)	1,0	1,3	2,7	0,3
Resonanzfrequenz Hz(Terz-Mittenfrequenz)	10,0	31,5	80,0[+]	1,6(Terzen)
b) Holzbalkendecken (172 Decken in 86 Häusern)				
Deckenfläche m^2	5,8	18,5	63,0	7,3
Deckenlänge m	2,4	4,9	9,0	1,2
Deckenbreite m	2,1	3,7	7,0	0,6
Seitenverhältnis (—)	1,0	1,3	2,4	0,3
Resonanzfrequenz Hz(Terz-Mittenfrequenz)	6,3	20,0	80,0[+]	2,3(Terzen)

[+]Mit hoher Wahrscheinlichkeit nicht auf Resonanzen der Decken, sondern eher auf Resonanzen von Estrichen oder sonstigen Deckenaufbauten zurückzuführen

liegt, wenn man den Summenpegel aus Messwerten in drei Schwingungsrichtungen im Boden, z. B. neben dem Ort eines zu errichtenden Gebäudes, als Wert des auf Geschossdecken in z-Richtung zu erwartenden Schnellepegels annimmt.

Ergebnisse von Untersuchungen, die im Besonderen das Resonanzverhalten von Betondecken und Holzbalkendecken zum Gegenstand hatten, sind in Tab. 4 angegeben (Auswertung aus [47]).

Man erkennt, dass bei im Mittel gleicher Größenordnung der geometrischen Abmessungen die Resonanzfrequenz der Holzbalkendecken im Vergleich mit den Betondecken, wie zu erwarten war, im Mittel zwar niedriger liegt, dass die Stan-

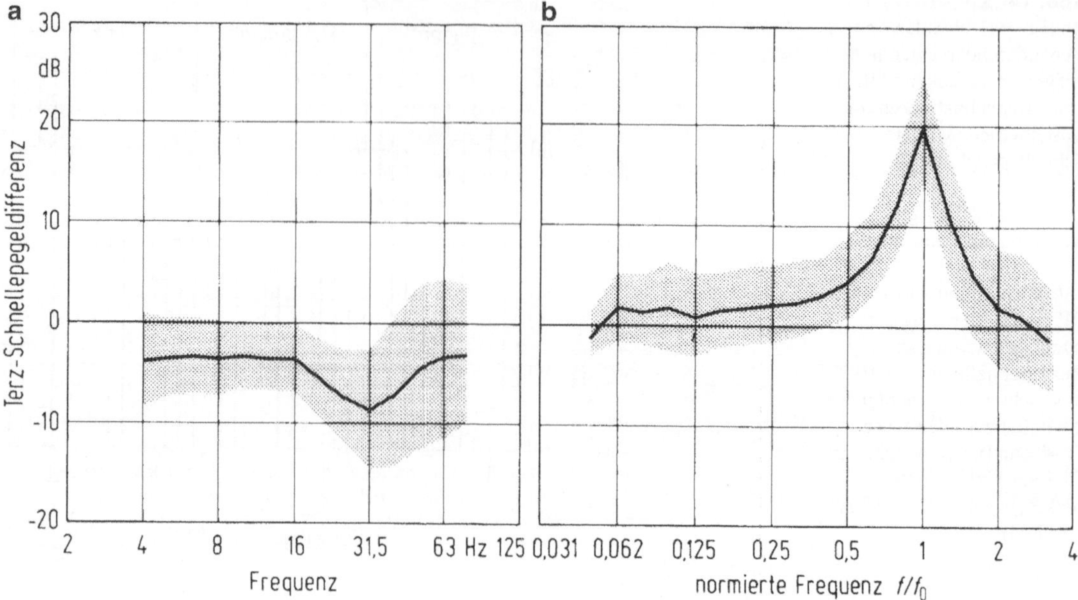

Abb. 15 Körperschallübertragung vom Boden ins Fundament und vom Fundament zu Geschossdecken. Mittelwerte und Standardabweichungen aus Messungen in 135 zwei- und dreigeschossigen Ein- bzw. Mehrfamilienhäusern mit Betondecken. **a** Pegeldifferenz Fundament-Boden; **b** Pegeldifferenz Decke-Fundament; Abszisse der Einzeldifferenzen normiert auf die Terz-Mittenfrequenz, in der die jeweilige Deckenresonanzfrequenz f_o liegt

dardabweichung der Resonanzfrequenzen für beide Deckenarten in etwa gleich groß ist.

In Abb. 15 sind schließlich noch Ergebnisse weiterer Untersuchungen zur Körperschallübertragung Boden/Fundament und zu Deckenüberhöhungsfunktionen dargestellt, die auf Messungen an 135 Häusern mit Betondecken basieren [47].

Man erkennt zunächst anhand des Bildteils (b), dass die Differenz der Körperschallpegel auf Geschossdecken gegenüber den Pegeln am Fundament im Resonanzbereich, also bei $f/f_0 = 1$, im Mittel 20 dB beträgt, was einer mittleren Resonanzüberhöhung um den Faktor 10 entspricht. Der für den Summenpegel auf Decken wichtige Frequenzbereich der Überhöhungsfunktion ist hier etwa 3 bis 4 Terzen breit.

Am Frequenzgang der Pegeldifferenz zwischen Fundament und Boden im Teil (a) von Abb. 15 fällt auf, dass dieser in dem Frequenzbereich, in dem im Mittel die Resonanzfrequenz der untersuchten Geschossdecken liegt, nämlich bei 31,5 Hz, ein relatives Minimum aufweist (vergleiche Tab. 4, Teil a). Dies ist möglicherweise damit erklärbar, dass die Geschossdecken, quasi

im Sinne eines *Resonanzabsorbers*, dem Bauwerk (Fundament) in diesem Frequenzbereich Energie entziehen.

Die Ergebnisse in Abb. 15 sind prinzipiell auch auf Gebäude mit Holzbalkendecken übertragbar. Dabei ist allerdings zu berücksichtigen, dass in [47] z. T. wesentlich größere Streuungen der Übertragungsfunktionen, insbesondere für unterschiedliche Geschosshöhen, beobachtet wurden.

3.4 Sekundärer Luftschall

Bauwerksschwingungen werden von Raumbegrenzungsflächen (Wände und vor allem Geschossdecken) abgestrahlt und können als relativ tieffrequenter Luftschall wahrgenommen werden (siehe Abb. 1). Dieser wird auch als *sekundärer Luftschall* bezeichnet.

Die Höhe des sekundären Luftschalls wird zum einen vom Körperschall der Raumbegrenzungsflächen und zum anderen auch von den Abstrahl- und Absorptionsverhältnissen im Raum bestimmt.

Abb. 16 Körperschall im Tunnel sowie Körperschall und sekundärer Luftschall im Keller eines ca. 10 m seitlich dieses Tunnels mit 3,5 m Überdeckung gelegenen Gebäudes bei Durchfahrt von Triebzügen ET 471 der Hamburger S-Bahn mit einer Geschwindigkeit von 60 km/h ——— Körperschall Schienenfuß; - - - - - Körperschall Tunnelwand; – – – – – Körperschall Kellerwand; –·– ·– ·– Sekundärer Luftschall Kellerraum

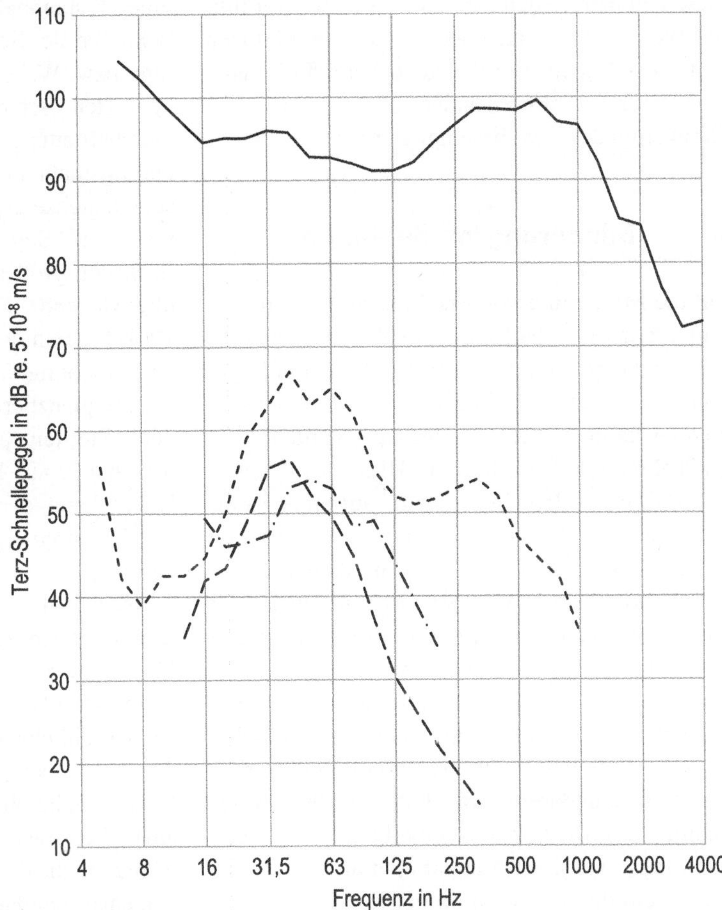

Bereits bei Bauwerksschwingungen, die deutlich unter der Spürbarkeitsschwelle des Menschen liegen [8, 48] können die dadurch verursachten Sekundär-Luftschall-Immissionen – abhängig von der Frequenzzusammensetzung der auftretenden Schwingungen – von Menschen in Gebäuden wahrgenommen werden.

Insbesondere der von unterirdischen Verkehrsanlagen wie S- und U-Bahnen verursachte sekundäre Luftschall kann schon bei sehr niedrigen Pegeln störend sein, da das Zusammenwirken mit dem direkten Luftschall (Verdeckungseffekte usw.) aus dem Zugverkehr fehlt.

Abb. 16 zeigt hierzu beispielhaft Ergebnisse von Messungen im Tunnel der Hamburger S-Bahn und in einem Keller eines benachbarten Gebäudes, anhand derer man den Körperschallübertragungsweg von der Schiene über die Tunnelwand bis zur Kellerwand des Gebäudes und schließlich bis hin zum sekundären Luftschall im Kellerraum verfolgen kann, dessen A-Schallpegel im vorliegenden Fall bei ca. 35 dB(A) liegt.

Das in Abb. 16 dargestellte spektrale Maximum des sekundären Luftschalls fällt nicht mit dem Maximum des Körperschalls an der Kellerwand zusammen. Dies kann über eine leicht unterschiedliche Resonanz der Decken bzw. Wände erklärt werden. Im vorliegenden Fall konnte dies nicht überprüft werden, da kein Deckenmesspunkt vorlag.

Neben dem sekundären Luftschall sind bei Körperschalleinwirkung gelegentlich auch weitere Sekundäreffekte, wie hörbares Klappern von losen Türfüllungen, von Glasscheiben, von lockeren Beschlägen sowie Klirren von Gläsern etc., zu beobachten. Diese Effekte treten unter Umständen bereits bei Erschütterungen auf, die unter der Spürbarkeitsgrenze des Menschen liegen. Aufgrund der Auffälligkeit dieser Effekte können diese von betroffenen Personen als lästig empfunden werden. Sie können jedoch meist mit äußerst einfachen Mitteln (Festlegen lockerer Füllungen und Beschläge, Auseinanderrücken von Gläsern etc.) vermieden bzw. beseitigt werden.

4 Minderungsmaßnahmen

Für die Minderung von Erschütterungen und sekundärem Luftschall aus dem Schienenverkehr gibt es keine Standardlösung, die unabhängig von den örtlichen Gegebenheiten eingesetzt werden kann. Stattdessen müssen Minderungsmaßnahmen im Einzelfall mit Hilfe von Prognoseverfahren, welche in der Regel auf einer Kombination von Messungen und Berechnungen basieren, angepasst werden. Das Vorgehen bei Neu- und Ausbau von Strecken im Netz der Deutschen Bahn, ist in einem Leitfaden für den Planer [49] zu finden und wird zurzeit aktualisiert in eine Richtlinie übernommen [13]. Beim Neubau und Ausbau von Strecken wurden in den letzten Jahren zur Minderung von Erschütterungen und sekundärem Luftschall vor allem Maßnahmen im Bereich des Oberbaus eingesetzt, allerdings sind auch Maßnahmen an der Quelle (vor allem durch Reduktion der Körperschallanregung), im Ausbreitungsweg und im bzw. am Gebäude möglich. Die folgenden Unterkapitel geben einen Überblick über die verschiedenen Maßnahmen. Für die Darstellung der Wirkung einer Minderungsmaßnahme wird im Weiteren das frequenzabhängige Einfügungsdämm-Maß ΔL_e, also die Differenz der Körperschall-Terz-Schnellespektren mit und ohne Minderungsmaßnahme, verwendet.

4.1 Minderung von Rad- und Schienen-Irregularitäten

Wie bereits in Abschn. Einfluss von Irregularitäten der Schienen- und Radlaufflächen dargestellt, sind Irregularitäten von Schienen- und Radlaufflächen eine wichtige Anregungsquelle für Erschütterungen und sekundären Luftschall aus dem Eisenbahnverkehr. Daher sind die regelmä-

ßige Instandhaltung des Oberbaus, wie das Schleifen der Schienen bei beginnender Verriffelung bzw. Wellenbildung, der Austausch von abgenützten Schienen und die Erneuerung oder Durcharbeitung des Schotterbetts wichtige Minderungsmaßnahmen. So wurde in einer Untersuchung gezeigt, dass durch Stopfen des Schotters vor allem Längshöhenfehler im Wellenlängenbereich von größer gleich 8 m reduziert und damit überwiegend Erschütterungen unterhalb von 10 Hz gemindert werden können [50]. In der Untersuchung wurde weiterhin festgestellt, dass im Frequenzbereich oberhalb von 20 Hz nach dem Stopfen auch eine Erhöhung der Körperschallpegel beobachtet werden kann. Der Effekt kann derzeit noch nicht erklärt werden, hierfür wären ergänzende Untersuchungen erforderlich [50].

Weiterhin kann durch Vermeidung von Irregularitäten der Radlaufflächen, z. B. durch Maßnahmen am Fahrzeug, eine Reduktion des Körperschalls erreicht werden [32]. Dabei hängen die tatsächlich auftretenden Effekte aber auch von dem Schienenzustand ab.

Bei den beschriebenen Minderungsmaßnahmen muss aber beachtet werden, dass die parametrische Anregung die dynamische Anregung aus Rad- und Schienenirregularitäten überlagert. In den Frequenzbereichen, in denen die parametrische Anregung (z. B. bei der Schwellenfachfrequenz) besonders ausgeprägt ist, wird eine Reduktion der Irregularitäten von Schiene und Radlaufflächen nicht zu einer Reduktion des Körperschalls führen. Damit sind mögliche Effekte durch Minderungsmaßnahen an der Quelle in ihrer Wirkung begrenzt.

4.2 Minderungsmaßnahmen im Bereich des Oberbaus

Im Bereich des Oberbaus wurden in den letzten Jahren überwiegend elastische Elemente (wie z. B. Masse-Feder-Systeme, Unterschottermatten und besohlte Schwellen) eingesetzt. Diese führen zu einer Isolierung, so dass oberhalb der Resonanzfrequenz des Systems die im Rad-Schiene-Kontakt entstandenen Schwingungen nur reduziert in den Boden übertragen werden.

Abb. 17 Modell zur Berechnung des Einfügungsdämm-Maßes von Unterschottermatten in Tunnelstrecken

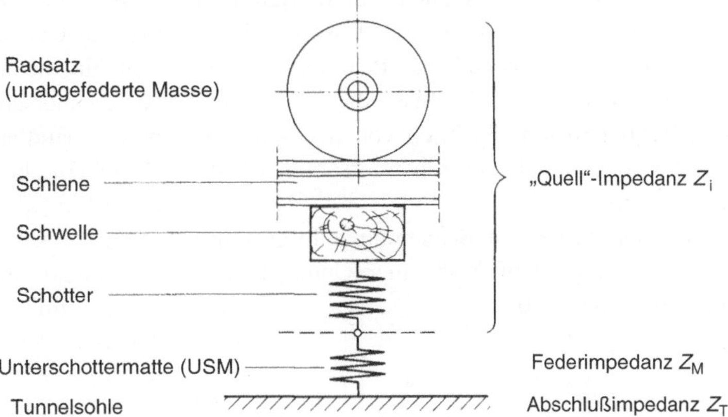

Zur Darstellung der Mechanismen, die zu einer Minderung des Körperschalls aufgrund von elastischen Elementen im Oberbau führen, soll im Folgenden das Verhalten am Beispiel von Unterschottermatten ausführlicher dargestellt werden. Nach [51] bzw. [62] kann das Einfügungsdämm-Maß ΔL_e einer Unterschottermatte, die alleine mit ihrer Federsteife s_M wirksam wird, auf der Basis des in Abb. 17 dargestellten einfachen, dynamischen Modells nach folgender Gleichung berechnet werden:

$$\Delta L_e = 20 \cdot \lg \left| 1 + \frac{j\omega / s_\mathrm{M}}{1/Z_\mathrm{i} + 1/Z_\mathrm{T}} \right| \quad dB \qquad (6)$$

Darin bedeuten neben dem genannten s_M:

Z_i die von der Oberseite der Matte zur Körperschallquelle hin wirksame Quellimpedanz,
Z_T die auf der Unterseite der Matte wirksame Abschlussimpedanz (Tunnelsohle),
ω die Kreisfrequenz und
j die imaginäre Einheit.

Z_T ist bei üblichen Tunnelsohlen groß im Vergleich zu Z_i, sodass die Admittanz $1/Z_\mathrm{T}$ in der Gleichung für ΔL_e vernachlässigt werden kann [52, 62]

Die Federsteife der Unterschottermatte folgt aus Gl. 7 wie folgt:

$$s_\mathrm{M} = s_\mathrm{M}'' \cdot S_\mathrm{w} \cdot (1 + j d_\mathrm{M}) \qquad (7)$$

Dabei ist s_M'' ein aus Messungen am Prüfstand nach [53] gebildeter Wert der flächenbezogenen dynamischen Steife in N/mm^3, d_M der Verlustfaktor der Unterschottermatte und S_w eine Wirkfläche, die aus dem wirksamen Lastkegel unter der Schwelle berechnet werden kann [62]. Bei einem Regeloberbau liegt der Winkel φ des wirksamen Lastkegels unter einer Schwelle mit einem auflagefreien Mittelteil von 0,5 m im Bereich 60° bis 75° (siehe [54], Bild 7).

Für die Quelladmittanz $1/Z_\mathrm{i}$ gilt näherungsweise die Beziehung nach Gl. 8

$$\frac{1}{Z_\mathrm{i}} = \frac{j\omega}{s_\mathrm{S}} \left[1 - \left(\frac{\omega_0}{\omega} \right)^2 \right] \qquad (8)$$

Darin ist s_s die Schottersteife und ω_0 eine Resonanzkreisfrequenz, die nach folgender Gleichung

$$\omega_0 = 1,7 \cdot \frac{(s_S/l)^{3/8} \cdot B^{1/8}}{M^{1/2}} \approx \sqrt{\frac{s_S}{M}} \qquad (9)$$

berechnet werden kann. Dabei sind B die Biegesteife der Schiene in N·m^2, l die Bezugslänge in m und M die dynamisch wirksame Masse in kg.

Die dynamisch wirksame Masse setzt sich aus Anteilen des Fahrzeugs (unabgefederte Radsatzmasse und evtl. anteilige Drehgestellmasse) sowie aus Anteilen des Gleisoberbaus (Schiene, Schienenbefestigung, Schwelle, Schotter) zusammen (siehe [54], Tab. 1).

Für üblichen Gleisrost und normales Schotterbett lässt sich aus der exakten Lösung für ω_0
die in Gl. 9 angegebene Vereinfachung ableiten,
woraus deutlich wird, dass die Resonanzkreisfrequenz ω_0 maßgeblich von der Schottersteife s_s und der dynamisch wirksamen Masse
M bestimmt ist.

Mit den genannten Beziehungen folgt somit
das Einfügungsdämm-Maß einer Unterschottermatte gemäß Gl. 10:

$$\Delta L_e = 20 \cdot \lg \left| 1 + \frac{s_S/s_M}{1 - \left(\frac{\omega_0}{\omega}\right)^2} \right| \quad dB \qquad (10)$$

In Abb. 18 ist in der oberen Bildhälfte
(a) zunächst das gemessene Einfügungsdämm-
Maß für die im Münchner S-Bahntunnel eingebaute Unterschottermatte dargestellt, während die
untere Bildhälfte (b) das nach vorstehender
Beziehung, bei Zugrundelegung zweier verschiedener Eingangsimpedanzen der Tunnelsohle (Abschlussimpedanz Z_T) für diese Unterschottermatte
gerechnete Einfügungsdämm-Maß zeigt.

ΔL_e nimmt bei tiefen Frequenzen zunächst
negative Werte an, erreicht bei

$$f_1 = f_0 \cdot \sqrt{\frac{s_M}{s_S}} = 65 \cdot \sqrt{\frac{55 \cdot 10^6}{5 \cdot 10^8}} \approx 22 \; Hz \qquad (11)$$

Abb. 18 Gemessenes und
berechnetes
Einfügungsdämm-Maß
einer Unterschottermatte.
a Messergebnis für die im
Münchner S-Bahntunnel
eingebaute
Unterschottermatte;
Mittelwert und Streubereich
aus Messungen der
Vorbeifahrt von Triebzügen
ET 420 an 6 Tunnelwand-
Messpunkten vor/nach
Einbau der
Unterschottermatte;
b Rechnerergebnis für die
o. g. Unterschottermatte
mit der Steife
$s_M = 5{,}5 \cdot 10^7$ N/m·
$(1 + j0{,}2)$ unter einer
Schotterschicht mit der
Steife $s_S = 5 \cdot 10^8$ N/m·
$(1 + j0{,}5)$ und einer
dynamisch wirksamen
Masse M = 3000 kg.
Parameter:
Abschlussimpedanz Z_T;
——— elastischer
Halbraum mit
$s_T = 5 \cdot 10^9$ N/m; - - - - - -
0,8 m dicke Betonplatte mit
$Z_T = 10^7$ Ns/m

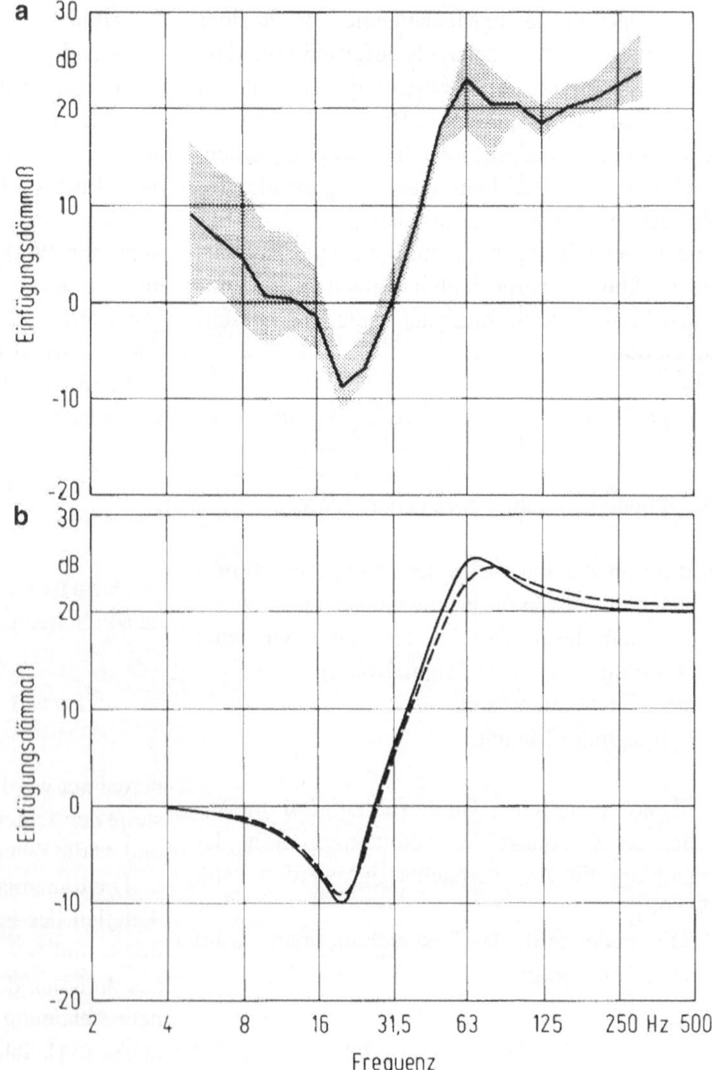

ein Minimum, wird bei $\sqrt{2} \cdot f_1 = 32\ Hz$ positiv, erreicht bei $f_0 = 65\ Hz$ ein Maximum und fällt dann auf einen konstanten Wert $20 \cdot \lg (1 + s_S/s_M) = 20\ dB$ ab.

Bei sehr tiefen Frequenzen stimmen die Annahmen des Rechenmodells nicht mehr, so dass Abweichungen zwischen dem Messergebnis und dem Rechenergebnis auftreten.

Die Abb. 18 macht im Übrigen auch deutlich, dass die Art der Modellierung der Abschlussimpedanz Z_T, d. h. der Eingangsimpedanz der Tunnelsohle (hier als elastischer Halbraum großer Steife und als unendliche Platte modelliert), praktisch keinen Einfluss auf das Rechenergebnis hat, solange diese groß genug ist, so dass die Abschlussadmittanz $1/Z_T$ gegen Null geht und in der Gl. 6 gegenüber der Quelladmitanz $1/Z_i$ vernachlässigt werden kann.

Eine ähnlich gute Übereinstimmung zwischen Messergebnis und Rechenergebnis hat sich bei späteren Anwendungen des Rechenmodells im Laufe der vergangenen ca. 30 Jahre ergeben [55–57], so dass dieses bei einigen europäischen Bahnen und Verkehrsgesellschaften im Rahmen von Ausschreibungsverfahren zu einer Art Standard geworden und in der Zwischenzeit auch Bestandteil einer Norm geworden ist [54]. In dieser Norm werden auch weitere Modelle beschrieben, so z. B. Ersatzsysteme mit mehreren Freiheitsgraden oder mit Finiten Elementen.

Minderungsmaßnahmen im Tunnel

Bei unterirdischen Schienenverkehrsanlagen existiert ein ausgereiftes und bewährtes Instrumentarium an Maßnahmen, das aufgrund der klar erfassbaren Randparameter in Tunnelbauwerken zum Teil auch rechnerisch gut abgesichert ist [31, 34, 58–62]. So haben sich hauptsächlich im Nahverkehrsbereich, aber auch im Bereich des Fernverkehrs der Einbau von Unterschottermatten und sogenannte Masse-Feder-Systeme als wirksame Schutzmaßnahme zur Körperschallminderung bewährt.

Unterschottermatte Unterschottermatten sind elastische Matten aus verschiedenen Materialien, hauptsächlich auf Polyurethan- oder Kautschukbasis, die Tunnelbauwerk (bzw. Brückenbauwerk oder Planum) und Schotterbett vollflächig dauerelastisch voneinander trennen. Abb. 19 zeigt den prinzipiellen Aufbau eines Schotteroberbaues mit Unterschottermatte am Beispiel eines Tunnelbauwerkes mit kreisförmigem Querschnitt.

In Abb. 20 sind typische Spektren des Körperschalls dargestellt, die bei Messungen an der Wand des Münchner S-Bahntunnels vor und nach Einbau einer Unterschottermatte ermittelt wurden [61].

Bei einer dynamischen Steife von ca. 0,04 N/mm^3 im maßgeblichen Frequenz- und Lastbereich hat die Unterschottermatte eine statische Steife von 0,02 N/mm^3 (auch *Bettungsmodul* genannt) und entspricht damit den durch Fahrgeschwindigkeit und Achslast bestimmten Vorgaben für S-Bahnbetrieb [63]. Die Langzeitwirkung der im Münchner S-Bahn-Tunnel eingesetzten Unterschottermatte (Materialtyp „Sylomer") wurde 30 Jahre nach dem Einbau mit Köperschallmessungen sowohl während der Vorbeifahrt von S-Bahnzügen an Messpunkten im Tunnel als auch

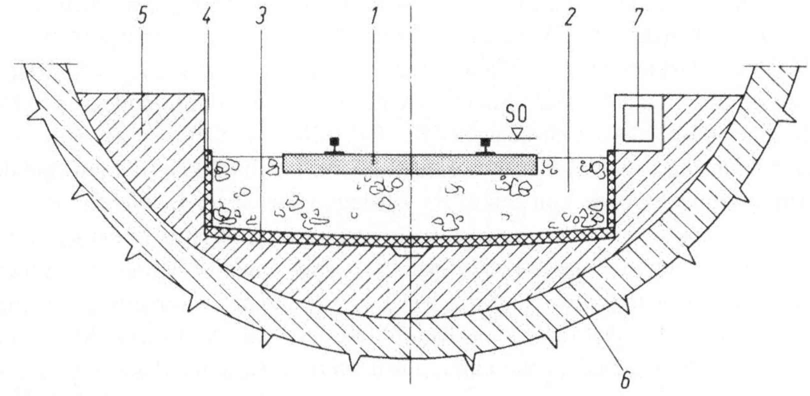

Abb. 19 Prinzipskizze eines Schotteroberbaus mit Unterschottermatte am Beispiel eines eingleisigen S-Bahntunnels mit kreisförmigem Tunnelquerschnitt.
1 Gleisrost; 2 Schotterbett;
3 Unterschottermatte;
4 Seitenmatte; 5 Aufbeton (seiticher. Fluchtweg);
6 Tunnelschale;
7 Kabelkanal

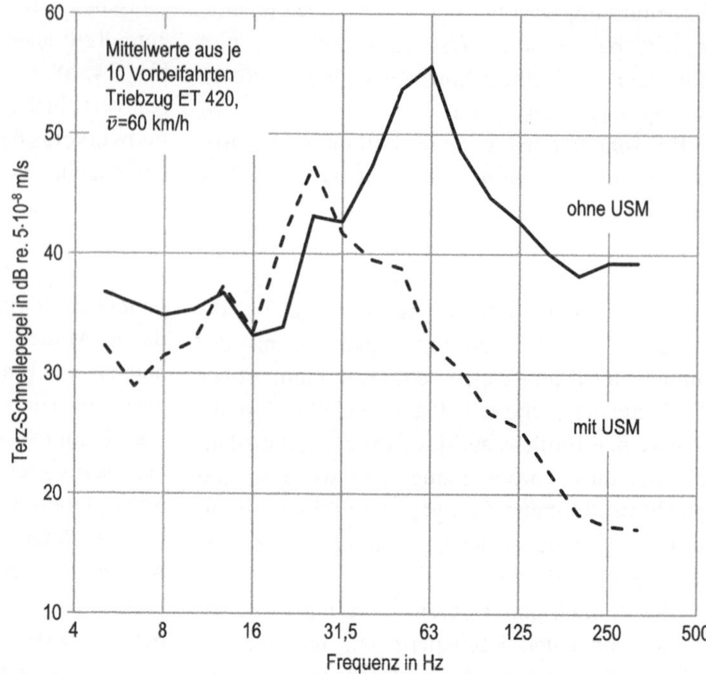

Abb. 20 Körperschall an der Tunnelwand eines eingleisigen S-Bahntunnels mit kreisförmigem Querschnitt bei Vorbeifahrt von Triebzügen ET 420 auf Schotteroberbau der Bauart K 54 H ohne und mit einer Unterschottermatte (USM) mit der dynamischen Steife von $s'' \approx 0{,}04$ N/mm^3

mit dynamischen Prüfstanduntersuchungen an einem ausgebauten Mattenteil untersucht. Wie auch schon in vergleichbaren Untersuchungen nach ca. 20 Jahren [64] festgestellt wurde, zeigen die Messungen, dass für das betrachtete Material trotz einer Belastung von inzwischen mehr als 1300 Mio. Lasttonnen keine signifikanten Änderungen der dynamischen Eigenschaften auftraten [65].

Masse-Feder-System:
Das Prinzip eines als Masse-Feder-System ausgebildeten Oberbaus in Trogbauweise ist in Abb. 21 dargestellt [30].

Danach ist ein Betontrog (Fertigteil- oder Ortbetonbauweise), in dem der Gleisrost entweder im Schotterbett liegt oder in Füllbeton einbetoniert ist, über Elastomerlager (Einzellager oder streifenförmige Lager) oder Stahlfederlager auf der Tunnelsohle elastisch gelagert [31, 59]. Mit Oberbauformen dieser Bauart können je nach Anforderungen und konstruktiver Auslegung Abstimmfrequenzen um 6 Hz bis 10 Hz erreicht werden. Heutige Masse-Feder-Systeme sind überwiegend schotterlose Bauformen.

In Abb. 22 ist das Einfügungsdämm-Maß des im Frankfurter Flughafentunnel eingebauten, schotterlosen Masse-Feder-Systems dargestellt, dessen Abstimmfrequenz etwas unter 12 Hz liegt [25].

Zum Vergleich ist das Einfügungsdämm-Maß der im Münchner S-Bahntunnel eingebauten Unterschottermatte angegeben, deren statische Federsteife den niedrigsten, nach [63] für S-Bahnbetrieb zulässigen Wert von c = 0,02 N/mm^3 hat (Abstimmfrequenz ca. 22 Hz).

Abb. 22 zeigt, dass die Körperschalldämmung des Masse-Feder-Systems im erschütterungstechnisch kritischen Frequenzbereich von ca. 20 Hz bis 63 Hz aufgrund der wesentlich tieferen Abstimmung beträchtlich größer ist, als sie mit Unterschottermatten unter Berücksichtigung der oberbautechnischen Vorgaben bezüglich der zulässigen Steifigkeit erreicht werden kann.

Dieser „Gewinn" ist der wesentlich tieferen Abstimmfrequenz des Masse-Feder-Systems zuzuschreiben. Da jedoch, wie Abb. 22 zeigt, das Einfügungsdämm-Maß der beiden Oberbausysteme im Bereich höherer Frequenzen etwa gleich groß ist (woraus geschlossen werden kann, dass das Verhältnis der Schottersteife zur Steife der Unterschottermatte gleich groß sein muss wie das Verhältnis der Schottersteife zur Steife der Elastomerlager des Masse-Feder-Systems) muss

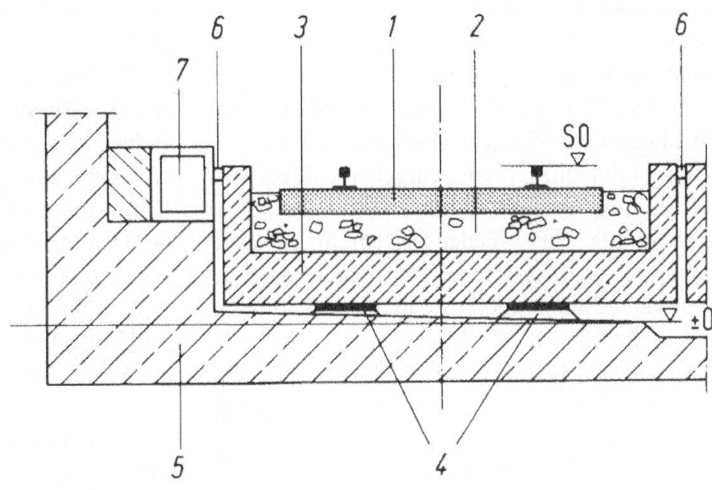

Abb. 21 Prinzipskizze eines als Masse-Feder-System ausgebildeten Oberbaues in Trogbauweise am Beispiel eines zweigleisigen S-Bahntunnels mit Rechteckquerschnitt. 1 Gleisrost; 2 Schotter bzw. Füllbeton; 3 Betontrog; 4 Elastomerlager mit Lagersockel; 5 Tunnelsohle; 6 Dauerelastisches Fugenband; 7 Kabelkanal

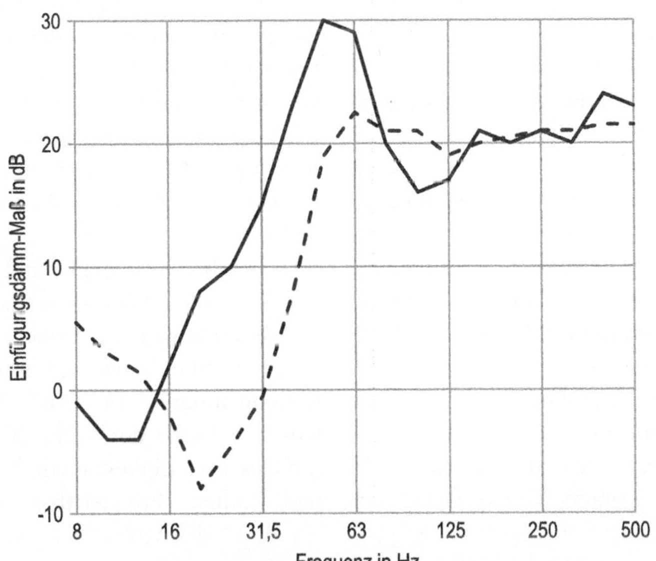

Abb. 22 Einfügungsdämm-Maß einer Unterschottermatte und eines als Masse-Feder-System ausgebildeten schotterlosen Oberbaues im Vergleich zum ursprünglichen Schotteroberbau, jeweils gemessen an der Tunnelwand bei Überfahrt des Triebzuge ET 420. - - - - - - Unterschottermatte: S-Bahntunnel München, ———— Masse-Feder-System: Flughafentunnel Frankfurt/Main

die niedrigere Abstimmfrequenz also ausschließlich auf die wesentlich größere Masse je Meter Gleis des Masse-Feder-Systems zurückzuführen sein. Ein der Abb. 22 ähnliches Ergebnis findet man auch in [58] zu entsprechenden Untersuchungen in einem U-Bahntunnel.

Neuere Ergebnisse zur Wirksamkeit von meist schotterlosen Masse-Feder-Systemen mit diskreter und/oder vollflächiger Lagerung, die für Vol-lbahnachslasten ausgelegt sind, findet man z. B. zu einem Tunnel in Deutschland in [56] und zu diversen Tunneln in Österreich und der Schweiz in [66–69]. Ein weiteres Beispiel stellt die Nord-Süd-Verbindung in Berlin mit mehr als 15 km Masse-Feder-Systemen sowohl mit punktförmiger als auch mit vollflächiger Lagerung dar [70]. Bei der Realisierung zeigte sich, dass eine Qualitätssicherung während der Bauphase, z. B.

zur Vermeidung von Konstruktionsfehlern wie Körperschallbrücken, für den Erfolg einer Maßnahme dringend erforderlich ist.

Im Jahr 2002 wurde in Deutschland erstmalig ein Masse-Feder-System in ein Gleis des Hochgeschwindigkeitsverkehrs eingebaut. Dabei handelt es sich um das mittels Einzellagern tief abgestimmte Masse-Feder-System im Siegauetunnel der Neubaustrecke Köln-Rhein/Main der Deutschen Bahn, über das in [71] ausführlich berichtet wird.

Über zwei Bauarten eines Masse-Feder-Systems mit vollflächiger Lagerung, das ebenfalls für Vollbahnachslasten ausgelegt ist und bei der Züricher S-Bahn eingebaut wurde, wird bereits in [72] berichtet. Eine ausführliche Darstellung dazu ist auch im Abschlussbericht zum Projekt RENVIB II [73] zu finden.

Die Abb. 23 zeigt die Querschnitte dieser Bauarten, während in Abb. 24 deren gemessenes Einfügungsdämm-Maß dargestellt ist.

Systeme dieser Art, die typischerweise eine Abstimmfrequenz von ca. 20 Hz haben, sind für Anwendungsfälle vorgesehen, bei denen die Anforderungen an das zu erzielende Einfügungsdämm-Maß, im Gegensatz zu tief abgestimmten Systemen mit Abstimmfrequenzen von $f_0 \leq 10$ Hz, nicht extrem hoch sind.

Bisher wurden bei Vollbahnen unter Verwendung von Einzellagern aus zelligem PUR-Elastomer niedrigste Abstimmfrequenzen von ca. 7,5 Hz realisiert (siehe z. B. Zammer Tunnel der Österreichischen Bundesbahnen [67, 73]), im angesprochenen Fall allerdings mit dem beachtlichen Gewicht der Gleistragplatte von ca. 10.500 kg pro Meter Gleis.

Im Zuge des Neubaus der Schnellfahrstrecke Seoul – Pusan in Korea wurden im Bereich des Bahnhofs Chonan, dessen Betonrahmenkonstruktion ausgebaut und mit Geschäften sowie Büros genutzt werden soll, mit Hilfe von Stahlfeder/Dämpferelementen Systeme mit einer Abstimmfrequenz von 5 Hz projektiert. Diese Systeme sind aufgrund der konstruktiven Gegebenheiten (aufgeständerte Fahrbahn) letztendlich als schwere, auf Federn gelagerte Brücken anzusehen [68, 74].

Sonstige Maßnahmen:
Mit hochelastischen Schienenbefestigungen kann ebenfalls eine Minderung der Körperschallemissionen erreicht werden. Diese hängt jedoch wesentlich von der Federsteife der elastischen Elemente, z. B. der Zwischenplatten (Zwp), und von der Einbauart ab (z. B. auf Betontragplatte wie bei Festen Fahrbahnen oder auf Schwellen im Schotterbett). Die hiermit erreichbaren Abstimmfrequenzen sind jedoch wegen der niedrigeren abgefederten Masse höher (typischerweise ≥ 30 Hz) als bei Systemen mit Unterschottermatten oder bei Masse-Feder-Systemen.

Weiterhin wurden in einem Tunnel in Deutschland besohlte Schwellen mit einem statischen Bettungsmodul von 0,07 N/mm^3 eingebaut, wobei während der Vorbeifahrt von Güterzügen mit Geschwindigkeiten von 35 km/h im niedrigen und hohen Frequenzbereich eine Wirkung bis zu 15 dB beobachtet wurde (siehe Abb. 25) [75, 76].

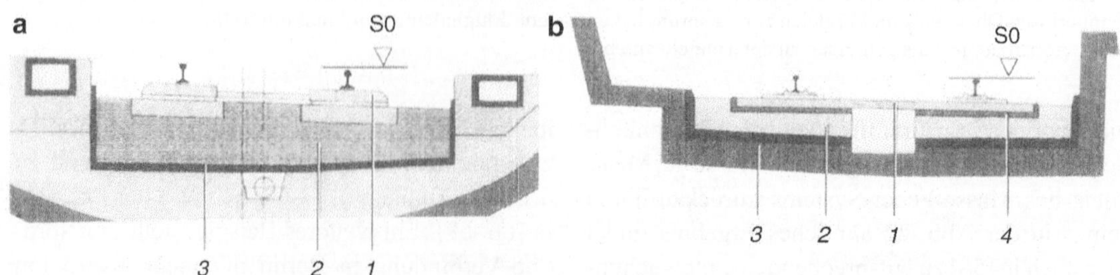

Abb. 23 Querschnitte zweier Bauarten eines Masse-Feder-Systems mit vollflächiger Lagerung bei der S-Bahn Zürich. **a** Bereich „First Church"; **b** Bereich „Shopville". 1 Biblockschwelle (a) bzw. Kunststoffschwelle (b); 2 bewehrte Betonplatte; 3 Elastische Boden- und Seitenmatte aus zelligem PUR-Elastomer; 4 elastischer Schwellenschuh

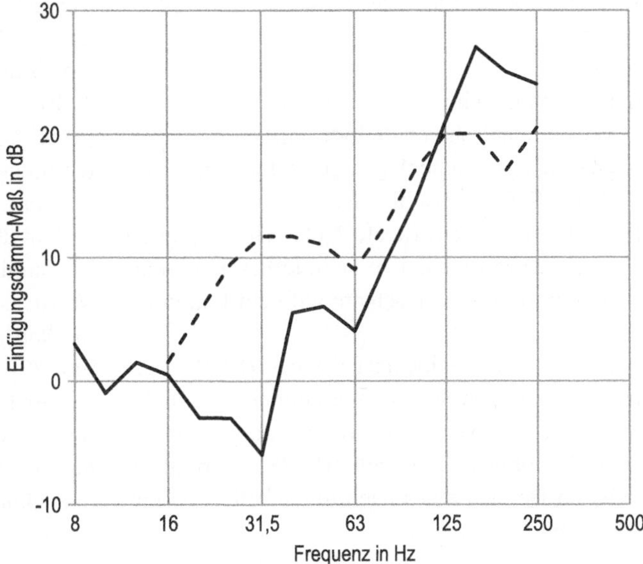

Abb. 24 Gemessenes Einfügungsdämm-Maß zweier Bauarten eines Masse-Feder-Systems mit vollflächiger Lagerung in einem Tunnel der S-Bahn Zürich , ——— Abschnitt First Church – – – – – – Abschnitt Shopville

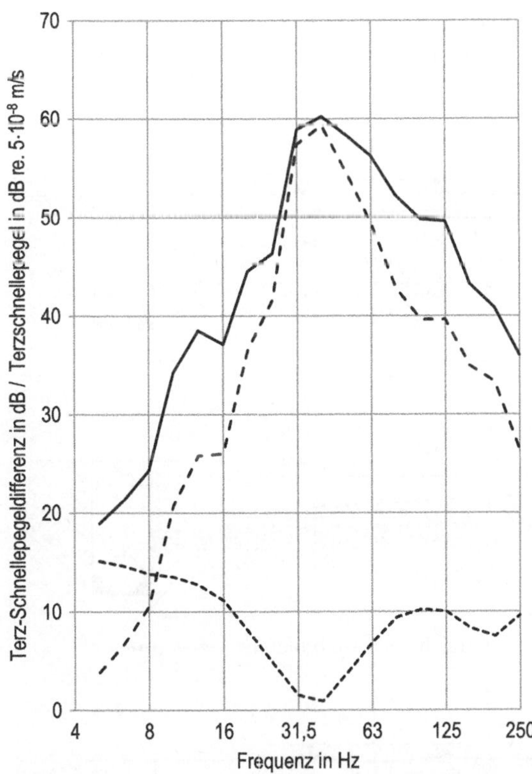

Abb. 25 Körperschall an der Tunnelwand (1,6 m über Schienenoberkante) im Tunnel während der Vorbeifahrt von Güterzügen mit einer Geschwindigkeit von v = 35 km/h.; ——— vor Einbau der besohlten Schwellen (1) – – – – nach Einbau der besohlten Schwellen (2); ········ Differenz (1) – (2): Verbesserung durch die besohlten Schwellen [75, 76]

Sowohl bei hochelastischen Schienenbefestigungen als auch bei besohlten Schwellen kann bei den niedrigen Frequenzen ein positiver Effekt sowohl durch eine reduzierte parametrische Anregung als auch durch eine verbesserte Gleislage resultieren.

Minderungsmaßnahmen an oberirdischen Strecken

Bei oberirdischen Eisenbahnstrecken sind die Verhältnisse grundsätzlich schwieriger, da wichtige Parameter und Randbedingungen, wie Planumsimpedanzen, Interaktionen zwischen Untergrund und Oberbau etc., nicht hinreichend definiert oder aber einer direkten Messung nicht zugänglich sind.

Planumsverbesserungen in Kombination mit Unterschottermatten:

In der Vergangenheit wurde berichtet, dass durch Planumsverbesserungen, durch den Einbau zusätzlicher Tragschichten unter dem Schotter in Verbindung mit einer Erneuerung des Oberbaus und eventuell auch dem Einsatz von Unterschottermatten, auch an oberirdischen Strecken eine Verminderung der Körperschalleinleitung in den Untergrund erreicht werden konnte.

So wird z. B. in [23, 77] über Versuche bei den Eisenbahnen in England (British Rail) berichtet, bei denen u. a. folgende Varianten untersucht wurden:

a) unterschiedliche Schotterdicken,
b) verschieden schwere Schwellen,
c) elastische Zwischenlagen unter den Schwellen (heute Schwellensohlen genannt),
d) elastische Matten (heute Unterschottermatten genannt) zwischen dem Schotterbett und einer 50 mm dicken Sandschicht auf dem Planum.

Auch bei den Schweizer Bahnen (SBB) wurden bereits in den 80er-Jahren ähnliche Versuche mit elastischen Matten auf Kiesplanum oder auf einer Betonplatte durchgeführt [78], dort allerdings im Bereich eines nach unten offenen Tunnels (ohne Tunnelsohle).

Dabei ergab sich, dass weder die Variation der Schotterbettdicke von 25 cm bis 50 cm, noch die untersuchten Schwellentypen bedeutenden Einfluss auf den Körperschall seitlich der jeweiligen

Versuchsstrecke hatten. Erhebliche Verbesserungen wurden dagegen sowohl mit besohlten Schwellen als auch mit Unterschottermatten erzielt.

Zu den Versuchen bei der „British Rail" wird jedoch in [23] berichtet, dass die elastischen Matten unter dem Schotter später zu Schwierigkeiten bei der Gleisunterhaltung geführt haben.

Um derartige Probleme zu vermeiden, wurden bei ähnlichen Versuchen an einem deutschen Versuchsabschnitt in Altheim/Niederbayern die in Abb. 26 dargestellten Maßnahmen realisiert [44, 79].

Von hoher Bedeutung ist die seitliche Einspannung des Schotters, um ein Wegfließen des Schotters zu verhindern, sowie eine ausreichende Schotterdeckung der Unterschottermatte.

Der im Hinblick auf die Vermeidung der genannten Probleme wesentliche Teil der Oberbauarten besteht darin, dass zwischen Schotterbett und Unterschottermatte eine Schutzschicht aus Planumsschutzsand liegt, die eine Beschädigung der

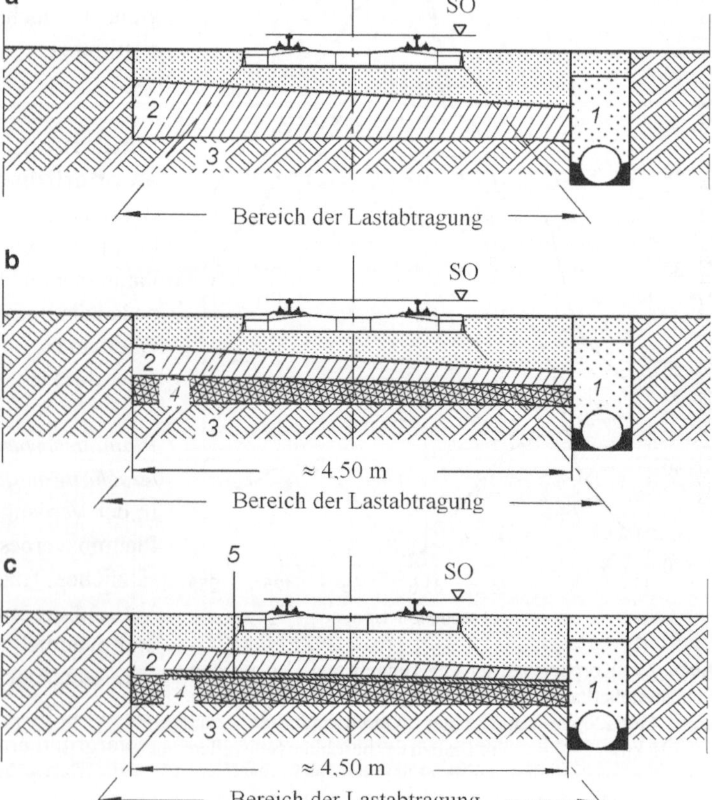

Abb. 26 Skizzen zum prinzipiellen Aufbau verschiedener Maßnahmen zur Minderung des Körperschalls seitlich einer oberirdischen Eisenbahnstrecke mit Tiefenentwässerung (1). **a** Schotteroberbau mit Planumsschutzschicht (2) auf verdichtetem Planum (3); **b** Schotteroberbau mit Planumsschutzschicht (2) und zementverfestigter Kiestragschicht (4) auf verdichtetem Planum (3); **c** Schotteroberbau mit Planumsschutzschicht (2), Unterschottermatte (5) und zementverfestigter Kiestragschicht (4) auf verdichtetem Planum (3)

Matte, z. B. bei Oberbauwartungsarbeiten (Gleisstopfung oder Bettungsreinigung usw.) verhindert.

Die Versuche fanden in einem Streckenabschnitt statt, in dem wegen der sehr schlechten Gleislage in Verbindung mit einer Oberbauerneuerung (Austausch von Gleisrost und Schotterbett) auch eine sogenannte Planumsschutzschicht eingebaut wurde (siehe Abb. 26, Teil (a)).

Zusätzlich wurde zum Zwecke der Verminderung des in den Untergrund eingeleiteten Körperschalls auf einer Länge von je 100 m im Bereich der Lastabtragung unter dem Gleis eine zementverfestigte Kiestragschicht ohne und mit Unterschottermatte eingebaut (siehe Teil (b) und (c) der Abb. 26). Die Matte, bestehend aus PUR-Elastomer, wies im interessierenden Frequenzbereich eine dynamische Steife von ca. 0,09 N/mm^3 auf und entsprach mit einem Bettungsmodul von 0,06 N/mm^3 den durch Streckengeschwindigkeit und Streckenbelastung (Achslast) vorgegebenen Grenzen nach [63].

Körperschallmessungen, die vor dem Umbau und ein Jahr nach dem Umbau an identischen Messpunkten 8 m seitlich der Gleisachse bei Vorbeifahrt eines Messzuges (Triebzug ET 420) durchgeführt wurden, ergaben zunächst für die Oberbauerneuerung mit Einbau einer Planumsschutzschicht die Ergebnisse nach Abb. 27.

Im Hinblick auf praktische Anwendungen ist dazu positiv anzumerken, dass die Körperschallpegel im Bereich tiefer Frequenzen unterhalb etwa 50 Hz durch den Umbau erheblich reduziert werden konnten.

Die Zunahme der Körperschallpegel im höherfrequenten Bereich zwischen etwa 50 Hz und 100 Hz, die mit einer durch den Umbau bewirkten „Versteifung des Untergrundes" erklärt werden kann, wird sich an einem gedachten Immissionsort in einer Entfernung von z. B. 30 m bis 40 m deshalb nicht sonderlich ungünstig auswirken, weil die höheren Frequenzen auf dem Ausbrei-

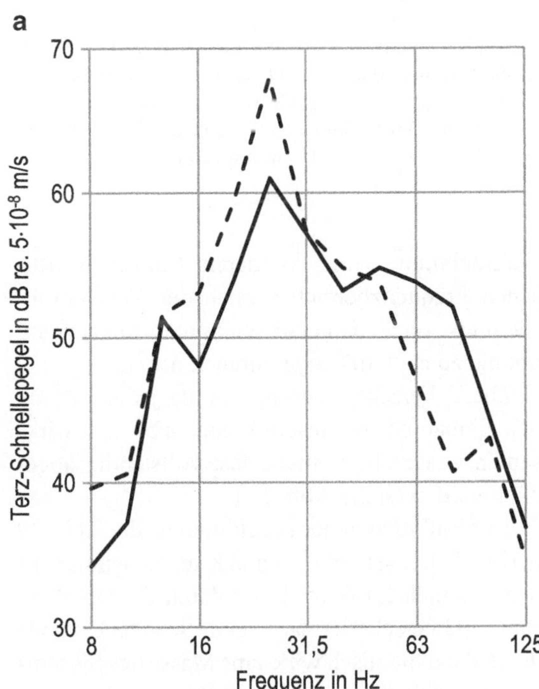
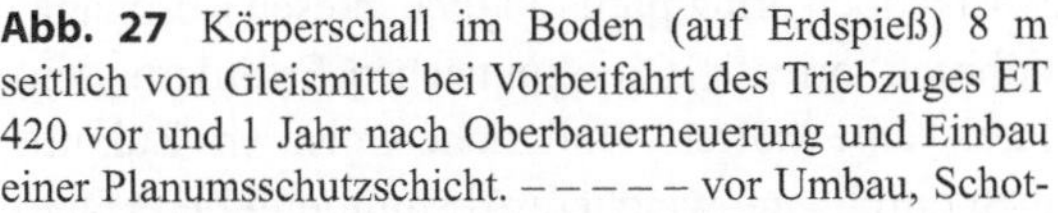
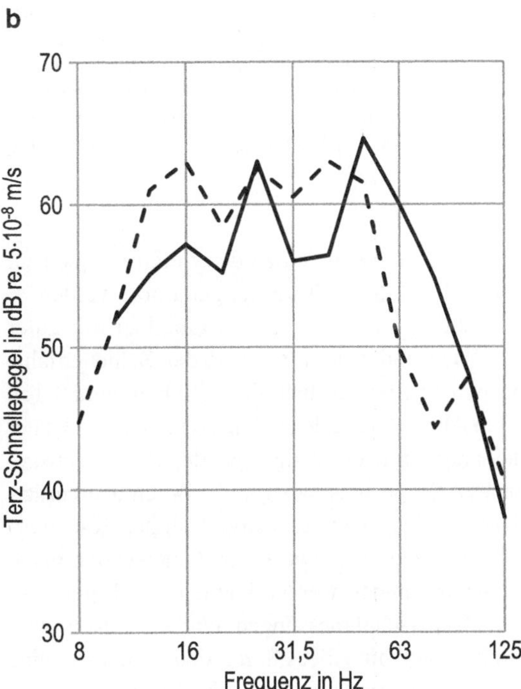

Abb. 27 Körperschall im Boden (auf Erdspieß) 8 m seitlich von Gleismitte bei Vorbeifahrt des Triebzuges ET 420 vor und 1 Jahr nach Oberbauerneuerung und Einbau einer Planumsschutzschicht. – – – – – vor Umbau, Schotteroberbau K49 B58; ——— nach Umbau, Schotteroberbau W54 B70; Zuggeschwindigkeit v: **a)** v = 60 km/h; **b)** v = 120 km/h

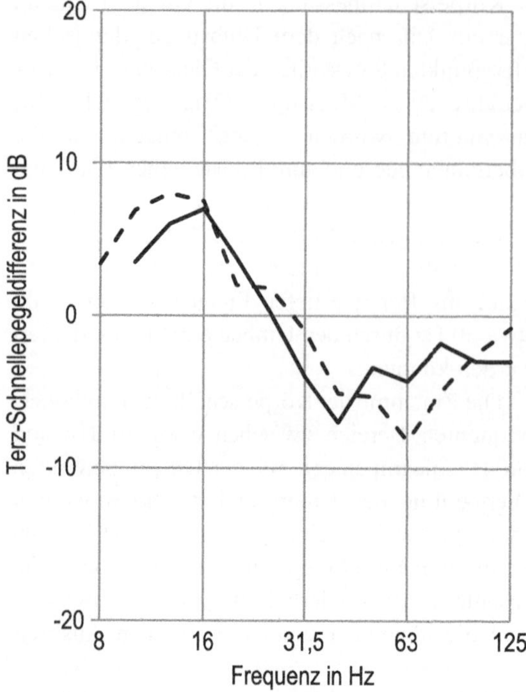

Abb. 28 Differenz des Körperschalls im Boden (auf Erdspieß) 8 m seitlich von Gleismitte infolge des Einbaus einer zementverfestigten Kiestragschicht (Magerbeton B5, im Mittel ca. 30 cm dick) unter einem Schotteroberbau der Bauart W54 B70 mit Planumsschutzschicht. Ergebnisse von Messungen 1 Jahr nach dem Umbau bei Vorbeifahrt des Triebzuges ET 420 mit 60 km/h (– – – – –) bzw. mit 120 km/h (———)

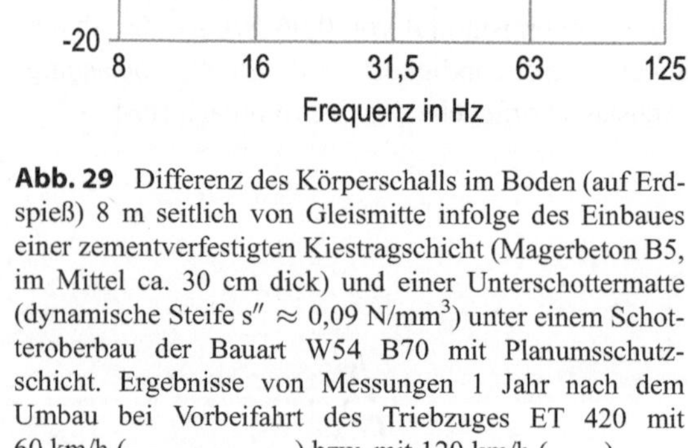

Abb. 29 Differenz des Körperschalls im Boden (auf Erdspieß) 8 m seitlich von Gleismitte infolge des Einbaues einer zementverfestigten Kiestragschicht (Magerbeton B5, im Mittel ca. 30 cm dick) und einer Unterschottermatte (dynamische Steife $s'' \approx 0{,}09$ N/mm^3) unter einem Schotteroberbau der Bauart W54 B70 mit Planumsschutzschicht. Ergebnisse von Messungen 1 Jahr nach dem Umbau bei Vorbeifahrt des Triebzuges ET 420 mit 60 km/h (– – – – –———) bzw. mit 120 km/h (———)

tungsweg im Vergleich zu den tiefen Frequenzen in der Regel deutlich stärker gedämpft werden.

Geht man nun von einem Oberbau mit guter Gleislage und gutem Zustand der Schienenfahrflächen aus, wie er nach dem Umbau gemäß Teil (a) in Abb. 26 vorgelegen hat, so interessiert weiter die Frage, inwieweit die von der Strecke ausgehenden Körperschallemissionen durch den zusätzlichen Einbau einer zementverfestigten Kies-tragschicht ohne und mit einer Unterschottermatte weiter vermindert werden können. Die Ergebnisse der Körperschallmessungen ein Jahr nach dem Umbau sind in Abb. 28 für den Oberbau ohne Unterschottermatte und in Abb. 29 für den Oberbau mit Unterschottermatte dargestellt.

Wie zu erkennen ist, haben die Körperschallpegel bei sehr tiefen Frequenzen weiter abgenommen, während die Pegel in dem bezüglich der

Wahrnehmung von sekundärem Luftschall kritischen Frequenzbereich seitlich des Versuchsabschnittes ohne Unterschottermatte gleichzeitig um bis zu ca. 8 dB zugenommen haben.

Diese Verschlechterung konnte jedoch durch den Einbau der in diesem Frequenzbereich wirksamen Unterschottermatte fast vollständig abgebaut werden (siehe Abb. 29).

Der Einbruch in der Pegeldifferenz der Abb. 29 bei 40 Hz ist systembedingt in Kauf zu nehmen. Er liegt nämlich im Bereich der durch die Oberbausteife (Unterschottermatte und Schotter), sowie durch die dynamisch wirksame Masse des Systems Fahrzeug/Oberbau gegebenen Resonanzfrequenz. Es ist jedoch prinzipiell möglich, diesen Resonanzeinbruch, orientiert an praktischen Erfordernissen, durch eine härtere, möglicherweise in Zukunft auch durch eine weichere Abstimmung der Matte, innerhalb bestimmter Grenzen zu höheren oder tieferen Frequenzen hin zu verschieben.

Neuere Untersuchungen haben nun gezeigt, dass die Dicke der zementverfestigten Tragschicht (ZVT) bzw. einer Betontragplatte erheblichen Einfluss auf die Wirksamkeit einer derartigen Maßnahme hat. Für praktische Anwendungsfälle ist danach eine Dicke der ZVT von mindestens 0,6 m bzw. der Betontragplatte (unbewehrt) von mindestens 0,4 m zu empfehlen.

Eine systematische Untersuchung, inwiefern die dargestellten Erkenntnisse aus Planumsverbesserungen auf alle Situationen übertragen werden können, ist bisher noch nicht erfolgt.

Unterschottermatten:
Zum Einbau von Unterschottermatten in oberirdischen Strecken liegen ebenfalls Erkenntnisse sowie auch Ergebnisse zur Wirksamkeit zu einem Anwendungsfall bei den Österreichischen Bundesbahnen (ÖBB) vor. Im Rahmen des zweigleisigen Ausbaus der Arlbergzulaufstrecke wurden aus Gründen des Nachbarschaftsschutzes in einem ca. 450 m langen Streckenabschnitt auf verdichtetem Planum Unterschottermatten eingebaut [80, 81]. Berechnet man das Einfügungsdämm-Maß der Unterschottermatte für die Situation im Tunnel und an der freien Strecke, zeigt sich, dass sich der Einfluss des endlich steifen, selbst „federnden" Planums in einem mit zunehmender Frequenz abnehmendem Einfügungsdämm-Maß bemerkbar macht.

An dieser Stelle soll noch auf Beobachtungen hingewiesen werden, die im Rahmen der neueren Versuche mit Unterschottermatten an oberirdischen Strecken gemacht wurden und die gezeigt haben, dass die im Bf Altheim realisierte Lösung des Schotterbetts in einem „Koffer" [79] von genereller Bedeutung für die Realisierbarkeit derartiger Maßnahmen ist.

Der größte Teil des vorstehend besprochenen Einbauabschnitts an der Arlbergzulaufstrecke der ÖBB befindet sich im Bereich eines Haltepunkts, in dem das Schotterbett durch die seitlich angebrachten Bahnsteige, ähnlich wie bei der Lösung im Bf Altheim, eingespannt ist. In einem Teil am Ende des Abschnitts, außerhalb des Bereiches in dem die begrenzende Wirkung der Bahnsteige

fehlt, wurde die Beobachtung gemacht, dass die freie Bettungsschulter dazu neigt seitlich wegzuwandern.

Auch bei den Schweizerischen Bundesbahnen (SBB) wurde im Zusammenhang mit dem Einbau von Unterschottermatten an der freien Strecke (in Dammlage) die Erfahrung gemacht, dass der Schotter ohne Maßnahmen zu dessen Abstützung dazu neigt seitlich „wegzufließen". Um dies zu verhindern, d. h. das Schotterbett zu stabilisieren, hat sich bei den SBB die seitliche Abstützung des Schotters mit Hilfe von vertikal angebrachten, durch Minipfähle gehaltene „Betonbretter" und die Verklebung des Schotterrandes bewährt [68, 82].

Betontrog mit Unterschottermatte:
Eine weitere Konstruktionsvariante für Unterschottermatten an oberirdischen Strecken besteht im Einbau eines niedrigen Betontroges auf verdichtetem Planum, in den die Unterschottermatten eingelegt werden, wodurch das Schotterbett ebenfalls seitlich eingespannt und somit stabilisiert wird [83]. Die Bodenplatte des Betontroges ergibt außerdem eine beachtliche Abschlussimpedanz, so dass die dynamischen Eigenschaften der Unterschottermatte, vergleichbar der Situation beim Einbau auf einer Tunnelsohle, voll zur Wirkung kommen können.

Messungen zur Wirkung der Minderungsmaßnahme erfolgten an einem Streckenabschnitt, der mit einem Betontrog der Dicke 60 cm und einer Unterschottermatte mit einem statischen Bettungsmodul von 0,15 N/mm^3 ausgestattet war. Dabei konnte bei der Vorbeifahrt von Güterzügen mit einer mittleren Geschwindigkeit von 39 km/h Wirkungen bis 7 dB und von S-Bahnen mit 42 km/h eine Wirkung bis zu 11 dB beobachtet werden [75]. Abb. 30 zeigt den Querschnitt des Systems und Abb. 31 die Ergebnisse der Messung.

Besohlte Schwellen:
Neben den Maßnahmen zur Verbesserung des Untergrundes und zum Einsatz von Unterschottermatten liegen inzwischen auch einige Erkenntnisse zur Wirkung besohlter Schwellen an der freien Strecke vor. Diese im Vergleich zu anderen Maßnahmen kostengünstige und auch nachträglich relativ einfach einzusetzende Maßnahme

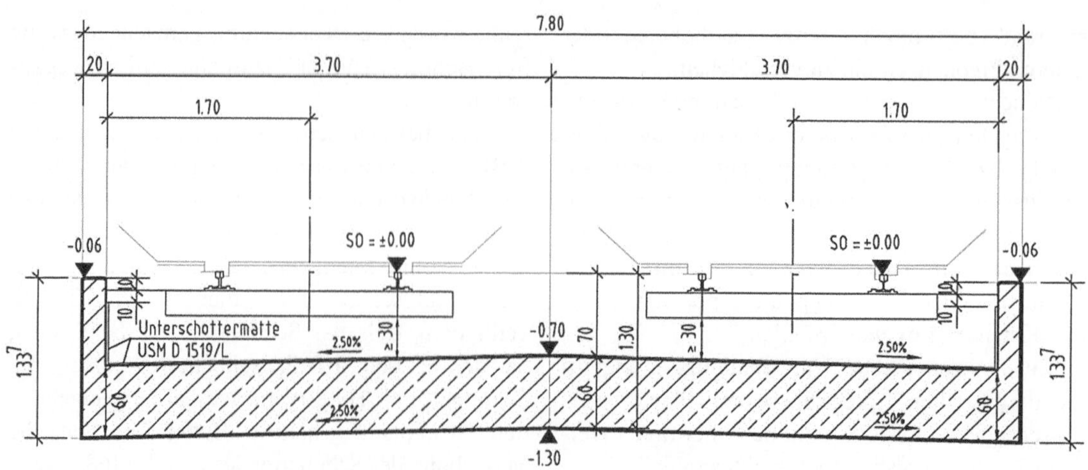

Abb. 30 Prinzipskizze eines Betontroges mit Unterschottermatte

wurde u. a. an einer Versuchsstrecke der Deutschen Bahn bei Waghäusel untersucht [25]. In einem speziellen Abschnitt dieser Versuchsstrecke, deren Ziel in erster Linie der oberbautechnische Test verschiedener Bauarten der Festen Fahrbahn war [84], wurden Betonschwellen des Typs B70, die an der Unterseite mit einem elastischen Schwellenlager aus PUR-Elastomer beklebt waren, in einen Schotteroberbau der Bauart W60 B70 eingebaut. Der statische Bettungsmodul der Schwellensohlen hat einen Wert von 0,08 N/mm^3 (wird im Bereich der DB heute nicht mehr eingesetzt).

Ein typisches Ergebnis von Messungen des Körperschalls an einem Messpunkt 8 m seitlich der Versuchsstrecke ist in Abb. 32 dargestellt.

Es ist zu erkennen, dass der Körperschall seitlich der oberirdischen Strecke durch den Einbau besohlter Schwellen in bestimmten Frequenzbereichen um bis zu 10 dB reduziert wurde. Die mit dieser Maßnahme erzielbare Körperschallminderung ist jedoch, was generell für Maßnahmen am Oberbau gilt, auch abhängig von der zugelassenen Elastizität, im vorliegenden Fall der Steifigkeit der Schwellenbesohlung (d. h. von der zulässigen Schieneneinsenkung, die definiert wird durch die insgesamt zulässige Einsenkung der Schienen unter dem Radsatz) und von oberbautechnischen Parametern.

Eine Zusammenfassung mehrerer Untersuchungen wurde im UIC-Projekt Under-Sleeper Pads erstellt [85]. Dabei wurden die Wirkungen der Schwellensohlen gemittelt über die verschiedenen betrachteten Zugarten und Zuggeschwindigkeiten ausgewertet. Aus den Messungen wurde geschlossen, dass besohlte Schwellen den Körperschall mit Frequenzen größer als 50 Hz reduzieren können (s. auch Abb. 33). An einem gegebenen Ort führen weichere Schwellensohlen zu einer höheren Wirkung. Allerdings ist eine einfache Vorhersage der Wirkung als Funktion des statischen Bettungsmoduls nicht möglich. Für eine Prognose müssen weitere Faktoren, wie die dynamische Versteifung des Sohlenmaterials, die Schwellenart (v. a. hinsichtlich der Auflagefläche), die Eingangsimpedanz des Untergrundes und die Schottersteifigkeit berücksichtigt werden.

Um diese Einflüsse besser zu verstehen, erfolgten im europäischen Projekt RIVAS weitere Untersuchungen basierend auf Simulationen (unter Verwendung von FEM-Modellen) und Messungen im Testfeld. Dabei wurde berücksichtigt, dass die heute in Deutschland zugelassenen Produkte mit einem statischen Bettungsmodul von mindestens 0,1 N/mm^3 deutlich härter als die z. B. in Waghäusel [25] eingesetzten Schwellensohlen sind. Folglich ist auch die erzielte Körperschallminderung in der Regel geringer als in Abb. 32

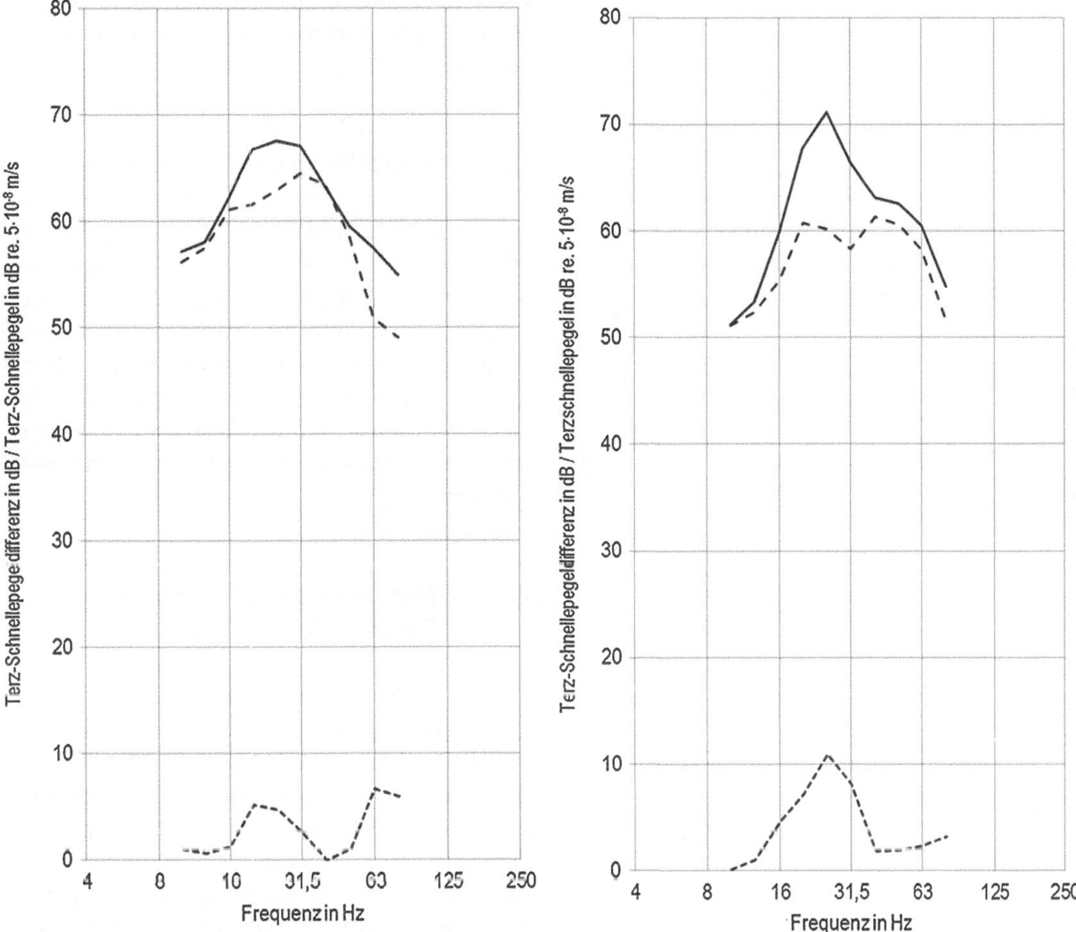

Abb. 31 Körperschall gemessen während der Vorbeifahrt von Güterzügen mit einer mittleren Geschwindigkeit von v = 39 km/h und einem Abstand zur Gleismitte von 12 m (linkes Diagramm) bzw. von S-Bahnen mit einer mittleren Geschwindigkeit von v = 42 km/h und einem Abstand zur Gleismitte von 16 m (rechtes Diagramm).; —— Abschnitt mit Standard-Schotteroberbau (1) — — — -Abschnitt mit Betontrog und Unterschottermatte (2); - - - - - Differenz (1) – (2): Verbesserung durch Betontrog mit Unterschottermatte, Messungen unterhalb von 10 Hz bzw. oberhalb von 80 Hz waren aufgrund der vorhandenen Hintergrundpegel nicht auswertbar [75]

gezeigt und die positive Wirkung aufgrund der Entkopplung tritt erst oberhalb von 50 Hz auf. Wie in [86] gezeigt, gilt dies auch z. B. für Kombinationen mit schwereren Schwellentypen. Im Bereich der Resonanzfrequenz (zwischen 25 Hz und 50 Hz) wird in einem Teil der Fälle auch von einer negativen Wirkung der Schwellensohlen berichtet. Ein positiver Effekt ergibt sich jedoch im niedrigen Frequenzbereich unterhalb von ca. 16 Hz. Dies wurde im Projekt auf eine verbesserte Gleislage und eine Reduktion der parametrischen Anregung aufgrund der Steifigkeit der eingebauten Schwellensohlen zurückgeführt. Nach dem gegenwärtigen Stand der Untersuchungen wird davon ausgegangen, dass je nach Zuggeschwindigkeit der positive Effekt aufgrund der geringeren parametrischen Anregung, z. B. bei der Schwellenfachfrequenz, die negative Wirkung im mittleren Frequenzbereich aber auch wieder reduzieren kann. Folglich wären die Wirkungen besohlter Schwellen abhängig vom Zugtyp und der Zuggeschwindigkeit.

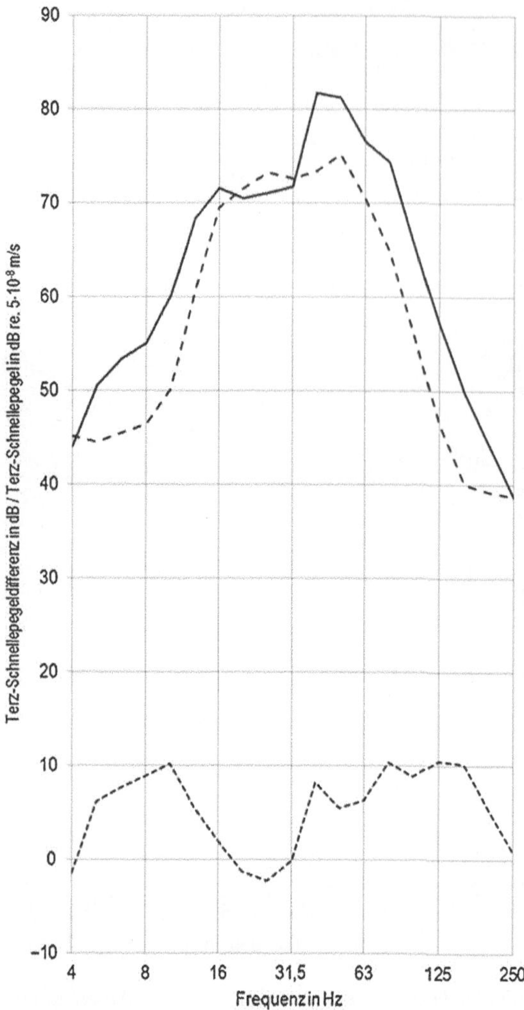

Abb. 32 Körperschall im Boden (auf Erdspieß) 8 m seitlich einer Versuchsstrecke mit elastischen Schwellenlagern bei Vorbeifahrt eines ICE 1 mit einer Geschwindigkeit von v = 160 km/h. ———— Schotteroberbau W60 B70 (1); ———— Schotteroberbau W60 B70 mit elastischen Schwellenlagern (2); - - - - - Schnellepegel-Differenz (1) – (2): Verbesserung durch die elastischen Schwellenlager

Im Zusammenhang mit einer Versuchsstrecke der Österreichischen Bundesbahnen (ÖBB), die u. a. zur Untersuchung des Einflusses von besohlten Schwellen auf die Schlupfwellenbildung eingerichtet worden war, wird auch über positive Erfahrungen im Sinne einer Verminderung der Schlupfwellenbildung berichtet [87].

Über den Einbau von besohlten Schwellen in einer Schnellfahrstrecke der Deutschen Bahn und die dabei in oberbautechnischer Hinsicht gemachten Erfahrungen wird in [88] berichtet.

Zusammenstellung der Maßnahmen

Eine Zusammenstellung der bis zum Jahr 1997 erprobten Maßnahmen zur Minderung des von oberirdischen Vollbahnstrecken ausgehenden Körperschalls wurde im Rahmen des bereits erwähnten Projektes RENVIB II erarbeitet [68]. Die daraus entnommene Abb. 34 zeigt zum Vergleich Bereiche von gemessenen Einfügungsdämm-Maßen für verschiedene, an oberirdischen Eisenbahnstrecken realisierte Körperschallschutzmaßnahmen.

4.3 Minderungsmaßnahmen im Bereich der Ausbreitung

Für eine zusätzliche, über die entfernungsbedingte Abnahme hinausgehende, Minderung des Körperschalls auf dem Ausbreitungsweg seitlich von Bahnstrecken kommen im Wesentlichen zwei physikalisch unterschiedliche Prinzipien in Frage: Zum einen die Körperschallminderung durch Absorption von Schwingungsenergie mittels geeigneter Absorber und zum anderen durch Reflexion bzw. Dämmung des Körperschalls an Unstetigkeiten (Impedanzsprüngen) im Ausbreitungsweg in Form von Schichten mit hoher spezifischer Masse oder mit niedriger dynamischer Steife, jeweils verglichen mit dem umgebenden Boden.

Versuche mit Schwingungsabsorbern (Betonklötze von ca. 1200 kg je lfd. Meter in verschiedenen Anordnungen), sowohl im Modellmaßstab als auch im Maßstab 1:1 an einem Gleis, über die in [89] berichtet wird, brachten bisher keinen nennenswerten Erfolg. Allerdings wurde im Projekt RIVAS für den Einsatz von Gabionenwänden (die auch als Schallschutzwände ausgelegt werden können) mittels Berechnungen unter Berücksichtigung verschiedener Böden eine Wirkung von bis zu 5 dB oberhalb von 10 Hz prognostiziert [90]. Eine messtechnische Validierung der Ergebnisse steht noch aus.

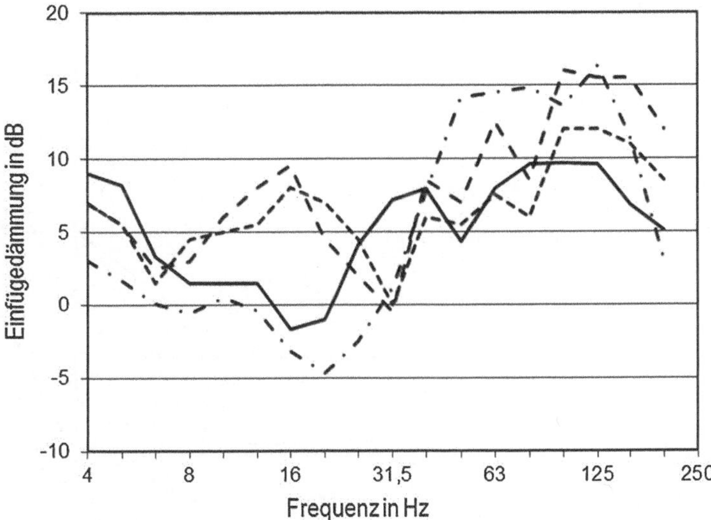

Abb. 33 Wirkung besohlter Schwellen gemessen im Boden seitlich der Strecke an verschiedenen Versuchsabschnitten während der Vorbeifahrt von Regelzügen mit unterschiedlichen Geschwindigkeiten. ——— Versuchsabschnitt Waghäusel (Deutschland), Schwellensohle mit statischem Bettungsmodul 0,08 N/mm³, - - - - - Versuchsabschnitt Timelkam (Österreich), Schwellensohle mit statischem Bettungsmodul 0,17 N/mm³ — — — Versuchsabschnitt Timelkam (Österreich), Schwellensohle mit statischem Bettungsmodul 0,15 N/mm³; Versuchsabschnitt Nüziders (Österreich) – ·— – · – Schwellensohle mit statischem Bettungsmodul 0,06 N/mm³

Eine höhere Wirkung ist für Maßnahmen zu erwarten, die auf dem Prinzip der Dämmung beruhen. Hierzu wurde eine Reihe von Versuchen durchgeführt, die sich im Wesentlichen unterteilen lassen in

a) schwere Abschirmwände, z. B. aus Beton und
b) senkrechte Erdschlitze, die mit elastischen (auch gasgefüllten) Matten verfüllt sind, oder offene (Luft-)Gräben.

Eine gewisse Zwischenstellung nehmen Abschirmwände aus sogenannten Bohrlochreihen ein [91]. Mit diesen wurde unter günstigen Voraussetzungen, nämlich bei einer Tiefe der Bohrlöcher von mehr als dem Zweifachen der Wellenlänge der ungestörten Oberflächenwelle, zwar eine nennenswerte Abschirmwirkung erzielt, sie kommen jedoch nach [91] aus technischen und wirtschaftlichen Gesichtspunkten für praktische Einsatzfälle nicht in Frage. Weitere Versuche erfolgten im Rahmen von RIVAS, hier wurde mittels eines Verfahrens zur Betoninjektion („Jet Grouting" Verfahren) über eine Verdichtung des

Bodens neben dem Gleis eine signifikante Reduktion des Körperschalls erreicht [92].

Zur Theorie und Praxis des Körperschallschutzes durch Bodenschlitze, Gräben und Bodenverdichtungen liegen inzwischen einige Erfahrungen vor [44, 89, 92–95].

Die Wirksamkeit derartiger Maßnahmen ist ganz wesentlich abhängig von der Schlitztiefe im Verhältnis zur Wellenlänge des abzuschirmenden Körperschalls (je nach Anforderungen kann die notwendige Schlitztiefe 10 m bis 15 m betragen) und von der Entfernung des Schlitzes zum Gleis sowie zum abzuschirmenden Objekt. Außerdem spielen hierbei sowohl die Bodenbeschaffenheit als auch die Schichtung des Bodens eine bedeutende Rolle.

Mehr oder weniger übereinstimmend haben alle bisherigen Versuche ergeben, dass unmittelbar hinter der Abschirmmaßnahme (bis zu Entfernungen von ca. 8 m) durchaus eine zum Teil deutliche Minderung des Körperschalls erreicht wurde, während in einiger Entfernung von der Maßnahme kein nennenswerter Effekt erzielt wurde, z. B. infolge von Reflexion an tiefer lie-

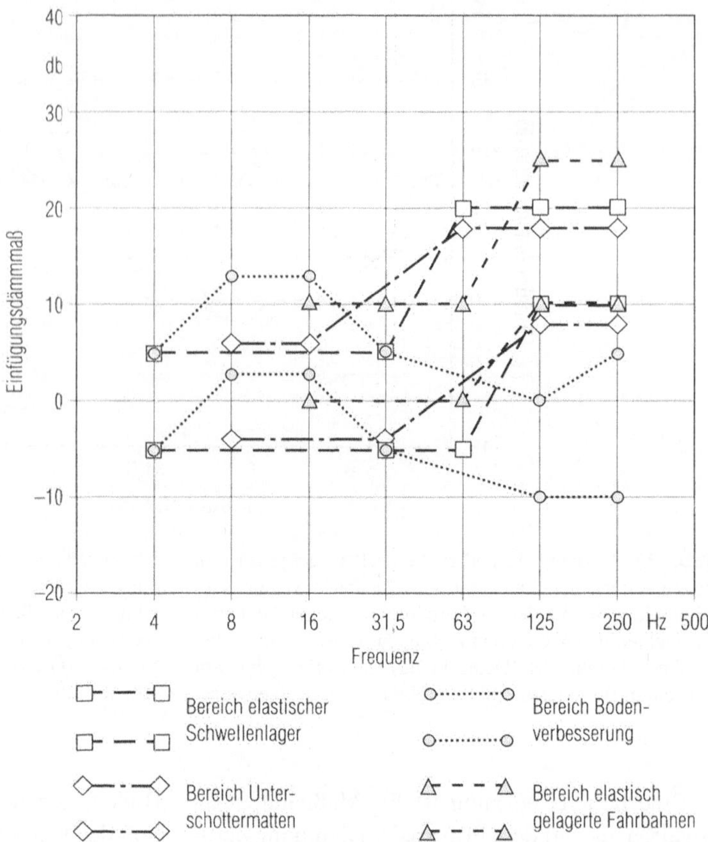

Abb. 34 Bereiche gemessener Einfügungsdämm-Maße von Körperschallminderungsmaßnahmen an oberirdischen Eisenbahnstrecken nach [68]

genden Bodenschichten u. ä., siehe z. B. [25, 44, 94]. Bodenschlitze bedürfen im Anwendungsfalle einer sehr sorgfältigen, auf die jeweiligen geologischen, bahnspezifischen und sonstigen objektbezogenen Randbedingungen abgestimmten Dimensionierung.

Auf die Mitteilung von Details und von konkreten Ergebnissen zu durchgeführten Versuchen wird daher an dieser Stelle verzichtet. Ausgehend vom derzeitigen Erkenntnisstand soll lediglich noch angemerkt werden, dass mit dem Einsatz von Bodenschlitzen nach Abwägung technischer und wirtschaftlicher Gesichtspunkte am ehesten dann eine nennenswerte Abschirmwirkung erzielt werden wird, wenn sie so dicht wie möglich am zu schützenden Objekt angeordnet und entsprechend den dort herrschenden Randbedingungen dimensioniert werden.

In der Literatur findet man außerdem noch den Vorschlag, unter dem Gleis oder dem Fundament eines betroffenen Gebäudes Betonblöcke einzubauen. Die Wirksamkeit dieser „WIBs" (wave impedance blocks) wird jedoch in den theoretischen Studien viel optimistischer angegeben als sie sich bei der praktischen Überprüfung einstellt [68, 96].

Für sehr weiche Böden, die z. B. in Skandinavien beim Neubau einer Schnellfahrstrecke an der Westküste Schwedens Probleme bereiteten, wurde vorgeschlagen, die Gleise auf Betonträger zu bauen und diese über Bohrpfähle im festen Untergrund abzustützen. Hierbei handelt sich also quasi um Brücken, die eventuell den weichen Boden nicht einmal berühren [97–101]. Alternativ konnte in einem Versuch in Schweden auch gezeigt werden, dass durch den Einbau von Spundwänden mit einer Tiefe von 12 m bis 18 m in einem sehr weichen Boden eine Minderung der Erschütterungen im Frequenzbereich ab 4 Hz erreicht werden kann [92].

Ein mögliches Vorgehen zur Auslegung von Minderungsmaßnahmen im Ausbreitungsweg, wie Schlitze, Bodenversteifungen, Spundwände oder Massen neben dem Gleis, ist im Bericht [102] dargestellt.

4.4 Minderungsmaßnahmen im Bereich der Gebäude

Gebäude können beim Bau durch konstruktive Maßnahmen gegen eine mögliche Körperschalleinleitung geschützt werden. In Frage kommt hierbei vor allem die elastische Lagerung von Gebäuden (siehe z. B. [103–106] und Kap. Erschütterungen in der technischen Akustik des vorliegenden Taschenbuches). Diese kommt in den typischen Ausführungsformen der punktförmigen (diskrete Einzellager), streifenförmigen oder vollflächigen Lagerung bei Bauvorhaben in unmittelbarer Nachbarschaft von Eisenbahnstrecken vermehrt zur Anwendung [107, 108].

In den Gebäuden selbst kann durch körperschalltechnisch günstige Formgebung und Dimensionierung der Fundamente und der Bauteile dafür gesorgt werden, dass die Einleitung des Körperschalls reduziert wird. Besondere Aufmerksamkeit ist dabei den Deckenbauteilen und Fußbodenaufbauten zu widmen. So ist zum Beispiel darauf zu achten, dass die Eigenfrequenz von Decken und schwimmenden Estrichen möglichst nicht im Bereich des spektralen Maximums der Körperschallanregung aus dem Zugverkehr liegt [46].

Bestehende Gebäude können auch nachträglich elastisch gelagert werden, wenn sie die grundsätzliche Eignung dafür besitzen. Die Kosten für nachträgliche Maßnahmen sind jedoch in der Regel beträchtlich.

4.5 Bestimmung der Wirkung von Minderungsmaßnahmen

Zur Entwicklung neuer Maßnahmen zur Reduktion von Erschütterungen und sekundärem Luftschall ist in der Regel der Einbau und Test unter realen Bedingungen erforderlich. Hierzu wurde analog zur Untersuchung der Wirkung von Lärm-minderungsmaßnahmen (s. Kap. Luftschall aus dem Schienenverkehr) für Minderungsmaßnahmen an oberirdischen Strecken ein kombiniertes Messverfahren vorgeschlagen, wobei an einem Test- und einem Referenzabschnitt vor und nach Einbau der Maßnahme der Körperschall neben dem Gleis zu messen ist [109].

Untersuchungen haben gezeigt, dass sich aufgrund unterschiedlicher Bodeneigenschaften bereits innerhalb weniger 100 m die Körperschallpegel, die während der Vorbeifahrt desselben Zuges mit derselben Geschwindigkeit neben dem Gleis bestimmt werden, deutlich unterscheiden können [110]. Durch eine Messung an Test- und Referenzabschnitt vor Einbau einer Minderungsmaßnahme kann dies ausgeschlossen bzw. ein Korrekturspektrum bestimmt werden. Die gemessenen Vorbeifahrtspektren an einem Referenzabschnitt erlauben weiterhin eine Aussage, ob die gemessenen Züge vergleichbar sind.

Alternativ zum oben beschriebenen kombinierten Verfahren können die Wirkungen einer Minderungsmaßnahme vor und nach Einbau der Maßnahme an einem Testabschnitt (Vorher-Nachher-Methode) oder nach Einbau der Maßnahme an einem Testabschnitt mit Minderungsmaßnahme und an einem angrenzenden Referenzabschnitt ohne Maßnahme bestimmt werden (Rechts-Links-Methode) [111]. Hierbei sind die Unsicherheiten allerdings aus oben genannten Gründen erhöht.

Die Wirkung einer Minderungsmaßnahme wird in der Regel mittels Vorbeifahrten von Regel- oder Messzügen bestimmt. Hierzu muss eine ausreichende Länge des Test- und Referenzabschnitts vorliegen (typischerweise mindestens 100 m), die beiden Abschnitte müssen in einer Geraden liegen und es sollen keine Einschnitte und keine Dammlagen zur Umgebung vorhanden sein. Weiterhin sollen im Bereich der Test- und Referenzabschnitte keine wahrnehmbaren Punktdefekte (Isolierstöße, Weichen) oder Flächendefekte (Eisenbahnbrücken, Bahnübergänge) vorliegen. Es muss eine ausreichende Anzahl von Zügen der gleichen Kategorie und der gleichen Geschwindigkeit gemessen und die Ergebnisse müssen gemittelt werden.

Bei Verwendung einer künstlichen Anregung zur Bestimmung der Wirkung einer Minderungsmaßnahme kann der Testabschnitt deutlich kürzer sein. Erfahrungen liegen z. B. für Messungen von Masse-Feder-Systemen im Tunnel vor [70]. Befinden sich die elastischen Elemente allerdings relativ nahe an der Schiene, wie z. B. bei hochelastischen Schienenbefestigungen oder besohlten Schwellen, müssen bei Messungen mit einer künstlichen Anregung Vorlasten aufgebracht werden. Ein Verfahren hierzu wird in [112] beschrieben. Weiterhin muss beachtetet werden, dass beim Einsatz elastischer Elemente im Oberbau mittels einer künstlichen Anregung lediglich die Isolationswirkung bestimmt werden kann. Effekte, die sich z. B. aus einer Reduktion der parametrischen Anregung durch Verringerung der Kontaktkräfte ergeben, werden nicht erfasst. Zur Anregung können harmonische Anregungen (z. B. durch einen Shaker) oder Stoßanregung (z. B. durch Hammerschläge oder Fallgewichte) verwendet werden.

Körperschallmessungen an Schienenverkehrswegen erfolgen auf einer Seite des Gleises an Messpunkten mit typischerweise 8 m und 16 m Abstand zur Gleisachse. Bei Maßnahmen am Ausbreitungsweg sollten weitere Messpunkte (z. B. in einem Abstand von 32 m und 64 m) mit aufgenommen werden, gegebenenfalls ist hier auch die Messung auf einer Gitteranordnung sinnvoll. Die frequenzabhängige Auswertung der Ergebnisse kann nach verschiedenen Methoden erfolgen [113, 114]. Als Ergebnis steht dann ein frequenzabhängiges Einfügungsdämm-Maß zur Verfügung.

Um die Ergebnisse von einem Messort auf einen anderen Ort übertragen zu können, sind in der Regel Messungen der maßgeblichen Einflussfaktoren erforderlich [109]. So müssen z. B. für Maßnahmen am Ausbreitungsweg auch die dynamischen Bodeneigenschaften bekannt sein. Diese sind separat zu bestimmen. Die Umrechnung kann dann über Simulationsprogramme erfolgen [109].

5 Spezielle Maßnahmen für Nahverkehrsbahnen

Aufgrund der Nähe der Verkehrswege zur Bebauung können durch den Nahverkehr gerade im innerstädtischen Bereich erhebliche Probleme mit Erschütterungen und sekundärem Luftschall auftreten. Einen Überblick über die Problematik geben [115, 116].

Grundsätzlich sind die im Abschn. 4 behandelten Körperschallminderungsmaßnahmen auch auf Straßenbahnen, Stadtbahnen und U-Bahnen übertragbar. Hierbei sind jedoch die im Vergleich zu Vollbahnen durch niedrigere Achslasten und Fahrgeschwindigkeiten gekennzeichneten Randbedingungen zu beachten. Dies bedeutet, dass bei der üblicherweise vorgegebenen Grenze für die zulässige Schieneneinsenkung generell niedrigere Werte für die Steifigkeit der elastischen Oberbauelemente anzusetzen sind.

So ist z. B. für diese Zugart bei Unterschottermatten – bei Zugrundelegung der Vorschriften der *DB-TL Unterschottermatten* [63] – heute ein statischer Bettungsmodul von c = 0,01 N/mm^3 als Regelfall üblich. Bei Straßenbahnen werden wegen der besonders niedrigen Achslast teilweise noch niedrigere Werte bis c = 0,007 N/mm^3 zugelassen (zum Vergleich: c = 0,02 N/mm^3 bei S-Bahnen mit Triebzügen; c = 0,03 N/mm^3 bei lokbespannten S-Bahnen nach [63]).

Wegen des gemischten Verkehrs von Straßen- und Schienenfahrzeugen im innerstädtischen Bereich ergeben sich bei Straßenbahnen spezielle Anforderungen hinsichtlich konstruktiver Lösungen für Körperschallminderungsmaßnahmen.

Im Wesentlichen werden heute elastische Schienenbefestigungen und elastisch gelagerte Gleistragplatten, früher auch als *Leichtes Masse-Feder-System* bezeichnet, verwendet. In den letzten Jahren wurden bei zahlreichen Verkehrsbetrieben außerdem Monitoringsysteme zur Überwachung der Radqualität eingeführt.

Masse-Feder-System mit vollflächiger Lagerung:
Die aus akustischer und bautechnischer Sicht günstigste Lösung einer Körperschallminderungsmaßnahme für Straßenbahnen im innerstädtischen Bereich ist das Masse-Feder-System mit vollflächiger Lagerung. Das Prinzip eines Masse-Feder-Systems, wie es z. B. im Streckennetz der Münchner Straßenbahn eingebaut ist, zeigt die Abb. 35 (siehe z. B. auch Anhang zu [117]).

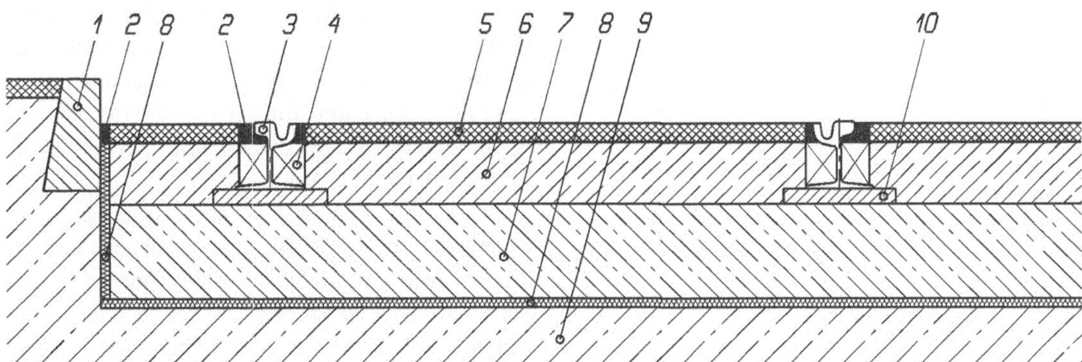

Abb. 35 Vollflächig elastisch gelagerte Gleistragplatte für Straßenbahnen, Masse-Feder-System. 1 Bordstein; 2 Elastischer Fugenverguss; 3 Rillenschiene; 4 Schienenkammerfüllelement; 5 Asphalt (alternativ Pflaster oder Beton); 6 Betonfüllung; 7 Gleistragplatte aus (bewehrtem) Beton; 8 Elastische Boden- und Seitenmatte (z. B. zelliges PUR-Elastomer); 9 verfestigte untere Tragschicht; 10 Ausgleichsschicht (elastischer Schienenunterguss)

Bei dem betrachteten Masse-Feder-System ist die gesamte Masse der Gleistragplatte inklusive Oberbau auf einer vollflächig ausgelegten Elastomermatte abgefedert, die üblicherweise als verlorene Schalung beim Betonieren fungiert. Die akustische Wirksamkeit dieser Lösung ist durch die Abstimmfrequenz des Systems bestimmt, die aus der dynamischen Steifigkeit der Elastomermatte und der abgefederten Masse des Systems, jeweils bezogen auf die Fläche je Meter Gleis, zu ermitteln ist. Das bedeutet, dass die Lagerung der Rillenschiene relativ steif ausgeführt werden sollte. Daraus ergibt sich der Vorteil kleiner Schieneneinsenkungen (üblicherweise < 1 mm) und damit geringer Relativbewegungen zwischen Schiene und Fahrbahn. Die Gefahr von Fehlern bei der Bauausführung und in deren Folge eine die Wirksamkeit des Systems vermindernde Körperschallbrücke kann durch bauliche Maßnahmen reduziert werden. Dabei ist zu beachten, dass die aus Boden- und Seitenmatte bestehende elastische Wanne vollständig und lückenlos geschlossen ist und die Fuge an der Oberkante der Seitenmatte fachgerecht ausgeführt sowie dauerelastisch vergossen wird. Besondere Aufmerksamkeit ist Einbauten der Straße und Weichenbauteilen zu schenken, weiter ist auf die Rillenentwässerung und die Entwässerung in der Federebene zu achten.

Ein weiterer Vorteil dieses Systems besteht darin, dass die Gleistragplatte (siehe Teil 7 in Abb. 35) nahezu jede – der bei den verschiedenen Verkehrsbetrieben üblichen – Oberbauformen aufnehmen kann (wie z. B. die diversen Varianten des Rahmen- und Querschwellengleises sowie auch Einzelstützpunkte). So werden z. B. in Frankreich und in der Schweiz (Grenoble, Nantes, Straßburg, Paris, Genf u. a.) seit vielen Jahren Masse-Feder-Systeme eingebaut [118, 119], bei denen verschiedene Bauformen des dort üblichen Biblockschwellen-Gleisrostes auf der Gleistragplatte montiert sind.

An dem in Abb. 35 dargestellten Masse-Feder-System wurden Messungen an identischen Messpunkten vor und nach Einbau dieses Oberbaus bei der Münchner Straßenbahn durchgeführt [120]. Aus diesen Ergebnissen wurde das in der Abb. 36 dargestellte Einfügungsdämm-Maß des Masse-Feder-Systems, bezogen auf den Rillenschienenoberbau vor dem Umbau, ermittelt.

Man erkennt den erwarteten typischen Verlauf mit einer Abstimmfrequenz von ca. 20 Hz und Körperschallminderungen von ca. 9 dB bei 63 Hz und bis zu ca. 20 dB in dem bezüglich der Wahrnehmung von sekundärem Luftschall in Gebäuden relevanten höheren Frequenzbereich.

Weitere Messergebnisse zur Wirksamkeit von Masse-Feder-Systeme mit vollflächiger Lagerung bei Straßenbahnen sind in [118, 119] enthalten, Messergebnisse zu Masse-Feder-Systemen bei S-Bahnen in [72, 73] und Abb. 24.

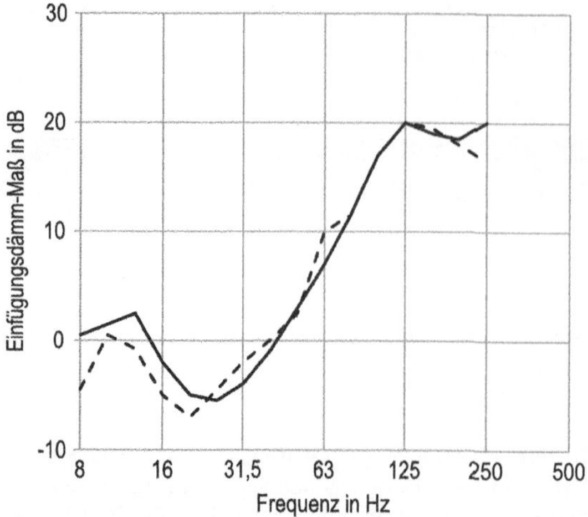

Abb. 36 Einfügungsdämm-Maß eines Masse-Feder-Systems mit vollflächiger Lagerung der Straßenbahn München, Maximilianstraße. Ergebnisse von Messungen vor/nach Einbau des Masse-Feder-Systems an identischen Messpunkten am seitlichen Fahrbahnrand des Straßenraumes, abhängig von den örtlichen Gegebenheiten an den 5 Messorten jeweils ca. 4 m – 8,5 m vor den Gebäuden, ——— Mittelwert nahes Gleis Mittelwert fernes Gleis

Monitoringsysteme zur Überwachung der Radqualität:
Monitoringsysteme zur Überwachung der Radqualität erkennen Irregularitäten der Radlaufflächen wie Flachstellen und Polygonisierungen, welche sich nachteilig auf die Körperschallemission auswirken. Vom Fahrer können derartige Defekte nur wahrgenommen werden, wenn sie in der Nähe des Fahrerstandes auftreten. Die Anlagen werden in die Gleisinfrastuktur eingebaut, überwachen kontinuierlich den Radzustand aller Fahrzeuge und ermöglichen eine zustandsabhängige und optimierte Wartung der Räder [121]. Raddefekte können so rasch erkannt und bei Erreichen eines Schwellenwertes behoben werden.

(Hoch-) Elastische Schienenbefestigung:
In unterirdischen Strecken findet man elastische Schienenbefestigungen hauptsächlich bei U-Bahnen und Stadtbahnen. Mit einer hochelastischen Schienenbefestigung auf Schwellen im Schotterbett kann im Frequenzbereich oberhalb von 40 Hz–50 Hz eine Verbesserung gegenüber dem normalen Schotteroberbau bei einer Stadtbahn-Tunnelstrecke erreicht werden [115, 122]. Im Frequenzbereich darunter findet eine Erhöhung der Emissionen statt. Damit ist gerade im Bereich der Deckeneigenfrequenzen von einer Zunahme der Erschütterungen bzw. des sekundären Luftschalls, im Bereich der Abstimmungsfrequenz des Estrichs von einer Reduktion auszugehen.

Die kontinuierliche (hoch-)elastische Schienenlagerung führte in der Vergangenheit teilweise zu Problemen aufgrund zu großer Querbewegung der Schienen sowie zu Problemen bezüglich der Fahrdynamik und der Haltbarkeit der Systeme (Aufreißen der vergossenen Fugen, Eindringen von Wasser und Frostschäden bei tiefen Temperaturen).

6 Beurteilung und gesetzliche Regelungen

Im Unterschied zum Luftschall, der an den Gebäudefassaden und damit außerhalb der Gebäude bewertet wird, erfolgt die Beurteilung von Erschütterungen und sekundärem Luftschall aus dem Schienenverkehr in den Gebäuden. Dieses Vorgehen erschwert die Prognosen erheblich, da auch die Eigenschaften der Gebäude (wie z. B. Eigenfrequenzen der Deckenaufbauten) berücksichtigt werden müssen. Daher müssen für eine Prognose auch die wesentlichen Einflussfaktoren für jedes betroffene Gebäude bestimmt werden.

6.1 Erschütterungen im Gebäude

Das im März 1974 für die Bundesrepublik Deutschland erlassene Bundes-Immissionsschutzgesetz (BImSchG) in der derzeit geltenden Fassung vom 17. Mai 2013 [123] behandelt „schädliche Umwelteinwirkungen (Immissionen), die nach Art, Ausmaß oder Dauer geeignet sind, Gefahren, erhebliche Nachteile oder erhebliche Belästigungen für die Allgemeinheit oder Nachbarschaft herbeizuführen". Da hierunter auch die Erschütterungen aus dem Schienenverkehr fallen, müssen bei Neu- und Umbauvorhaben im Rahmen des Plangenehmigungsverfahrens die Einwirkungen aus den Erschütterungen bzw. dem sekundären Luftschall auf die Anwohner betrachtet werden. Dabei müssen nach Abwägung aller Belange Maßnahmen vorgeschlagen werden, die zur Vermeidung von schädlichen Umwelteinwirkungen durch die Erschütterungen bzw. den sekundären Luftschall erforderlich sind. Ist eine Vermeidung erheblicher Einwirkungen nicht (vollständig) möglich, haben die Betroffenen Anspruch auf eine finanzielle Entschädigung.

Im Gegensatz zur Situation bei den Geräuschen aus dem Schienenverkehr sind allerdings bei den Erschütterungen weder Immissionsgrenzwerte noch Beurteilungsverfahren in einer Durchführungsverordnung geregelt. Die in einem Planfeststellungsverfahren erforderliche Ermittlung und Bewertung erheblicher Umweltauswirkungen aufgrund von Erschütterungen erfolgt daher gemäß dem allgemeinen Kenntnisstand und der allgemein anerkannten Prüfungsmethoden. Zur Ermittlung der Erschütterungsimmissionen haben sich der Erschütterungsleitfaden der Deutschen Bahn [49] (wird zurzeit aktualisiert und in eine DB-Richtlinie überführt [13]), sowie die VDI-Richtlinien [10] und [124] etabliert. Für die Beurteilung der Einwirkung der Erschütterungsimmissionen auf den Menschen wird die einschlägige Norm DIN 4150-2 [8] und für die Beurteilung der Einwirkung auf Gebäude die Norm DIN 4150-3 [9] angewendet. Auch die Erschütterungs-Leitlinie [125] des Länderausschusses für Immissionsschutz (LAI) gibt Hinweise zur Messung und Beurteilung von Erschütterungsimmissionen.

Die in der DIN 4150, Teil 2 [8] angegebenen Anhaltswerte für Erschütterungen beruhen u. a. auf Ergebnissen eines Forschungsvorhabens zur Betroffenheit der Einwohner in Deutschland durch Erschütterungen aus dem Schienenverkehr. Dabei wurden die Auswirkungen von Erschütterungen aus dem Eisenbahnverkehr auf die Anwohner von Schienenwegen mittels Abgleich von Messungen und Befragungsergebnissen untersucht. Es zeigte sich, dass die Geräusche von vorbeifahrenden Zügen gegenüber den von diesen verursachten Erschütterungen durchwegs als stärker störend eingestuft werden. Außerdem ergab sich, dass neben der Höhe des *KB*-Wertes offenbar auch andere Faktoren die Belästigungsreaktionen mitbestimmen. So können z. B. gleiche *KB*-Werte (s. Abschn. 2 und [5]) auf verschiedenen Stufen der Geräuschbelastung zu unterschiedlicher Belästigungsreaktion führen [126, 127].

Die DIN 4150, Teil 2 [8] differenziert bei der Beurteilung der Erschütterungen aus dem Schienenverkehr zwischen Neu- und Ausbaustrecken. Für neu zu bauende Strecken gelten die darin angegebenen Anhaltswerte. Diese Norm nennt jedoch keine Anhaltswerte für bereits bestehende Bahnstrecken. Die momentane Regelung, die zwar keinen rechtsverbindlichen Charakter hat, fordert gemäß einem Urteil des Bayerischen Verwaltungsgerichtshofes [128], dass sich die vorhandene Vorbelastung aus dem Schienenverkehr durch das Hinzutreten neuer Immissionen nach dem Ausbau von Bahnstrecken nicht wesentlich erhöht. Zur Beurteilung einer zukünftigen Erschütterungssituation ist es daher von Bedeutung, welche Erhöhung einer Erschütterungseinwirkung deutlich wahrnehmbar ist. In Untersuchungen wurde ermittelt, dass der Unterschied zweier Erschütterungssignale bei einer Differenz der maximalen Effektivwerte (KB_{Fmax}) von weniger als 25 % von den Betroffenen nicht wahrgenommen wird [129]. Hieraus kann gefolgert werden, dass erst bei einer Erhöhung der Erschütterungsimmission um $\geq$ 25 % eine spürbare Erhöhung vorliegt. Dieses in Planfeststellungsverfahren verwendete Vorgehen wurde im Jahr 2010 gerichtlich bestätigt [130].

In Österreich liegen gesetzliche Regelungen auf Basis der Norm [131] vor. In der Schweiz erfolgt die Beurteilung gemäß der Weisung des Bundesamtes für Umwelt, Wald und Landschaft [132].

6.2 Sekundärer Luftschall im Gebäude

Beim sekundären Luftschall handelt es sich um ein relativ tieffrequentes Verkehrsgeräusch, das infolge von Schwingungsanregung von Gebäuden durch Schienenverkehr von allen Begrenzungsflächen eines Raumes abgestrahlt wird und das keine identifizierbare Schalleinfallsrichtung hat. Die Bestimmungen der 16. BImSchV (Verkehrslärmschutzverordnung) [133] sind jedoch hier nicht anwendbar, so dass derzeit auch im

Hinblick auf die Einwirkungen aus sekundärem Luftschall keine gesetzlichen Regelungen über Grenzwerte bestehen.

Richtwerte für zumutbare Innenraumpegel ergeben sich aus der 24. BImSchV (Verkehrswege-Schallschutzmaßnahmenverordnung) [134] und der VDI-Richtlinie 2719 [135] „Schalldämmung von Fenstern und deren Zusatzeinrichtungen" [135]. Für Nahverkehr wird auch teilweise die TA-Lärm [136], wie in [137, 138] dargestellt, herangezogen, weitere Hinweise hierzu können auch der DIN 45680 [139] und [140] entnommen werden.

Die in der VDI 2719 [135] genannten Richtwerte gelten für direkt von außen in Räume eindringenden Schall und sind deshalb nur bedingt anwendbar. Aus den Vorschriften zum primären Luftschall könnte man bei einem erheblichen baulichen Eingriff in eine bestehende Bahnstrecke darüber hinaus einen Wert von 3 dB(A) als eine wesentliche Erhöhung des sekundären Luftschallpegels ableiten, die gegebenenfalls Ansprüche auf Schutzvorkehrungen begründen würde.

In Österreich liegen gesetzliche Regelungen auf Basis der ÖNORM [131] vor. In der Schweiz erfolgt die Beurteilung gemäß der Weisung des Bundesamtes für Umwelt, Wald und Landschaft [132].

7 Prognosemodelle

Im Bereich der Erschütterungen und des sekundären Luftschalls sind Prognoserechnungen wesentlich komplexer als beim Luftschall. Ursache dafür sind die zahlreichen Mechanismen und Größen, die Einfluss auf Entstehung, Ausbreitung und Immission von Erschütterungen und sekundärem Luftschall haben (siehe Abschn. 3). Hinzu kommen nur mit hohem Aufwand zu bestimmende Parameter des Fahrzeugs (wie Radrauheiten), des Fahrwegs (z. B. Schienenrauheiten), des Bodens mit seinen in der Regel unbekannten Inhomogenitäten und Schichtungen sowie immissionsseitig die Charakteristika der Bauwerke (z. B. Konstruktion und Spannweite der Decken, Eigenfrequenzen des Estrichs).

Zur Bestimmung der Bodenparameter werden Baugrunduntersuchungen, Klassifizierungen der Böden und die Ermittlung der Parameter anhand einschlägiger Tabellenbücher empfohlen. Für den Baugrund bestimmte statische Kenngrößen sind ohne Kenntnis des Zusammenhanges mit dynamischen Bodengrößen für die Prognoserechnungen zumeist unbrauchbar [141–143]. Bei dem Vergleich zweier Maßnahmen am Gleis gehen die den Boden beschreibenden Parameter in beiden Fällen gleichermaßen ein. Daher kann die berechnete Einfügungsdämmung eines Systems bei einer bestimmten geologischen Situation eine höhere Genauigkeit haben als die Absolutwerte der Erschütterung bzw. des sekundären Luftschalls.

Die Genauigkeit der Prognose hängt stark von dem gewählten Verfahren und der Abschätzung der darin enthaltenen Parameter ab. Für Prognosen sind daher umfangreiche Erfahrungen erforderlich.

Prinzipiell existieren drei unterschiedliche Vorgehensweisen für Prognosen [144]:

- Datenbasis vergleichbarer Situationen
- Empirische und physikalische Modelle
- Numerische Modelle

Als Zielgrößen für Planungen werden häufig die KB-Werte und der A-bewertete Sekundärluftschall in Abhängigkeit von den Eigenfrequenzen der Decken berechnet.

Prognosemodelle zu Erschütterungen und sekundärem Luftschall wurden in mehreren Forschungsprojekten wie [68, 77] untersucht. Methoden zur Prognose des sekundären Luftschalls sind in [10], Methoden zur Prognose von Erschütterungen in [124] enthalten.

7.1 Modellierung

Datenbasis vergleichbarer Situationen

Die Prognose von Erschütterungen bzw. sekundärem Luftschall mittels einer Datenbasis vergleichbarer Situationen geht von linearen Abhängigkeiten der Teilsysteme Emission, Transmission und Immission aus. Die Teilsysteme müssen möglichst exakt charakterisiert werden. Anschließend werden aus einer Messdatenbasis vergleichbare

Situationen zur Beschreibung der Emission, Transmission und Immission ausgewählt und zur Prognose verwendet.

Die Schwierigkeit des Verfahrens besteht darin, dass aufgrund der Vielzahl möglicher Parameter nur für einige näherungsweise identisches Datenmaterial vorliegt, für viele Aspekte der Teilsysteme müssen aber meist möglichst plausible Annahmen getroffen werden. Prognosen alleine auf der Basis von Vergleichsdaten müssen daher zwangsläufig für einen breiteren Streubereich der Parameter durchgeführt werden und liefern einen Bereich, in dem die Ergebnisse liegen können. Die Prognose ist umso genauer, je mehr statistisch abgesicherte Vergleichsdaten zur Verfügung stehen [144, 145].

Empirische und physikalische Modelle

Für die praktische Arbeit in der Planung werden derzeit überwiegend empirische Modelle eingesetzt [13, 44]. Diese basieren auf Messdaten für die Anregung sowie die Übertragung im Boden und die Ankopplung an die Gebäude sowie auf teilweise gerechneten Übertragungsfunktionen in den Gebäuden. Durch Verwendung von Messdaten können komplexe Teilsysteme ohne Kenntnis der einzelnen Parameter in ihren realen Auswirkungen erfasst und beschrieben werden. Die messtechnischen Untersuchungen werden im Falle von bestehenden Strecken bei realem Verkehr, bei noch nicht vorhandenen Strecken mit Hilfe von Ersatzanregungen durchgeführt. Als Ersatzanregungen kommen dabei leistungsfähige dynamische Erregersysteme zum Einsatz [146–150].

Für Streckenneubauten liegen keine Emissionsdaten vor, hier ist auf vergleichbare Situationen zurückzugreifen, dementsprechend muss mit einer größeren Prognoseunschärfe gerechnet werden. Allerdings können während des Baufortschrittes (z. B. nach Fertigstellung des Unterbaus oder Planums einer oberirdischen Strecke, bzw. der Fertigstellung eines Tunnels im Rohbau) weiterführende Messungen durchgeführt werden, mit deren Hilfe die noch angenommenen Charakteristika präzisiert werden können.

Ebenfalls werden empirische Teilmodelle, z. B. zur Berechnung der Ankopplung der Gleise an den Boden [68, 151, 152], der Körperschallausbreitung im Boden, der Ankopplung von Gebäuden an den Boden sowie der Ausbreitung in den Gebäuden, verwendet, was zum Studium bzw. zur Planung von Maßnahmen zur Minderung von Körperschall in Abhängigkeit von Fahrzeug-, Fahrweg- und Bodentypen ausreichend und zielführend ist.

Von besonderer Bedeutung sind – wie bei der Prognose von Luftschall – Impedanzmodelle [141]. Hierbei werden die Teilsysteme Fahrzeug und Oberbau im Frequenzbereich über ihre Impedanzen analytisch beschrieben. Sinnvoll ist eine Abbildung des Bodens als geschichteter Halbraum, um unterschiedliche Bodenschichten berücksichtigen zu können.

Mittels Impedanzmodellen können die frequenzabhängigen Übertragungsfunktionen bestimmt und analysiert werden, und es kann der Körperschall seitlich der Strecke prognostiziert werden. Impedanzmodelle zeichnen sich darüber hinaus durch kurze Rechenzeiten aus und sind daher besonders gut für die Bestimmung von Minderungsmaßnahmen geeignet. In der Anwendung sind Impedanzmodelle auf lineare Systeme beschränkt.

Numerische Modelle

Numerische Modelle basieren auf einer mathematischen Abbildung der mechanischen Eigenschaften von Fahrzeug, Oberbau, Boden und Gebäude. Numerische Modelle werden z. B. in [153] beschrieben.

Die hierfür gebräuchlichsten Modellierungstechniken sind

- Finite Elemente Methoden (FEM),
- Randelement Methoden (BEM) und
- Integraltransformationsmethoden.

Die Berechnungen können getrennt für die Teilsysteme wie auch als gekoppeltes Gesamtsystem durchgeführt werden.

Numerische Modelle bilden die Mechanismen am präzisesten ab. Mit numerischen Verfahren können die Einflüsse einzelner Parameter studiert oder auch körperschallmindernde Maßnahmen und strukturelle Veränderungen untersucht werden.

Die hohe Genauigkeit in der Modellierung bedingt jedoch auch die Kenntnis vieler Systemparameter. Zum Teil können diese den Planungsunterlagen entnommen werden, zum Teil können diese, wie z. B. die Bodenparameter, nur mit hohem Aufwand messtechnisch vor Ort ermittelt werden. Numerische Verfahren bedingen daher einen hohen Aufwand in der Modellierung, der Gewinnung von Systemparametern und der numerischen Berechnung, wenngleich letzterer mit der zunehmenden Leistungsfähigkeit der Verfahren und der Computer geringer wird. Der Aufwand für eine durchgängige numerische Berechnung von der Körperschallanregung bis zur Immission ist sehr hoch und liegt zumeist außerhalb der Verhältnismäßigkeit für den Einsatz solcher Untersuchungen [144].

7.2 Parameter der Emission, Ausbreitung und Immission von Körperschall

Nachfolgend werden einige Parameter beschrieben, von deren Kenntnis/Bestimmung die Genauigkeit von Prognosen, sowohl bei Anwendung empirischer Methoden als auch im Falle mathematischen Methoden, maßgeblich abhängt.

Parameter im Bereich der Emission Im Bereich der *Körperschallemission* sind im Wesentlichen die unter Abschn. 3 beschriebenen Parameter relevant. Untersuchungen haben gezeigt [154], dass der Aufbau des Gleisunterbaus (Planumsschutzschicht, Frostschutzschicht und Erdplanum) und dessen Ankopplung an den umgebenden Untergrund entscheidend für die Größe und die spektrale Verteilung der Körperschallemission ist. So genügt es nach [154] nicht, nur die Emissionsgröße in Abhängigkeit von Zugtyp und Geschwindigkeit zu ermitteln. Zusätzlich zu diesem sogenannten Emissionsspektrum (bezogen auf den 8 m-Messpunkt) ist es aus Gründen der Übertragbarkeit auf andere Prognoseorte erforderlich, eine Kenngröße bzw. Korrekturgröße zu ermitteln, durch welche die örtlichen Besonderheiten, wie z. B. der Pla-

numsschutzschicht, der Frostschutzschicht sowie des Planums und deren Ankopplung an den umgebenden Untergrund, beschrieben werden (Dicke, Verdichtungsgrad usw.).

Die wichtigsten Kenngrößen zur Beschreibung der Bodenbeschaffenheit sind die Dämpfung und der Schubmodul G bzw. die Ausbreitungsgeschwindigkeit c_R der Rayleighwelle.

Im Rahmen einer Pilotstudie [47] wurde der Einfluss des Schubmoduls des Bodens auf die Höhe des Emissionspegels untersucht. Die Ergebnisse dieser Studie zeigen, dass die Amplitude der Körperschallschnelle des Bodens (z-Richtung am 8 m-Messpunkt) in etwa umgekehrt proportional dem Schubmodul G bzw. dem Quadrat der Rayleighwellengeschwindigkeit $c_R{}^2$ im Boden des Messortes ist.

Daraus konnte man den frequenzunabhängigen Korrekturfaktor K_{Boden} gemäß Gl. 12 als grobe Näherung zur Berücksichtigung der Bodensteifigkeit ableiten:

$$\begin{aligned} K_{\text{Boden}} &= 20 \cdot \log \frac{G_{\text{Messort}}}{G_{\text{Prognoseort}}} \\ &= 40 \cdot \log \frac{c_R(\textit{Messort})}{c_R(\textit{Prognoseort})} \end{aligned} \quad (12)$$

Die Ausbreitungsgeschwindigkeiten der Rayleighwellen am Messort und am Prognoseort können ohne großen technischen Aufwand durch Messungen ermittelt werden.

Die Bestimmung des Einflusses der Bodenschichtung ist dagegen sehr aufwändig, da die Ermittlung der dazu notwendigen Parameter bisher nur mit relativ großem technischem Aufwand (Bohrungen) möglich war. Im Rahmen des Projektes RIVAS wurde hierzu jedoch ein relativ einfaches Messverfahren (ohne Bohrung) vorgeschlagen, das auf den Eigenschaften der an der Bodenoberfläche gemessenen Oberflächenwellen und der an den Grenzen der Bodenschichten reflektierten Raumwellen basiert [114].

Durch Bodenschichtung treten resonanzartige Verstärkungen der Körperschallamplituden auf, die von der Masse (mitschwingende Masse der Bodenschicht) und der Bodensteifigkeit (Schubmodul) abhängen. Nach [155] besitzt eine Bodenschicht mit der Mächtigkeit H (Schichtdicke an der dünnsten Stelle der Schicht, auch kritische Schichtdicke genannt, s. z. B. [116]) und der Scherwellengeschwindigkeit v_s eine ausgeprägte Grenzfrequenz f_g, die nach Gl. 13 berechnet werden kann:

$$f_g = \frac{v_s}{2 \cdot H} \qquad (13)$$

Unterhalb dieser Grenzfrequenz findet keine Körperschallausbreitung statt. Oberhalb der Frequenz f_g nähern sich die Amplituden in der Schicht rasch den Amplituden des homogenen elastischen Halbraumes an (weitere Einzelheiten hierzu siehe z. B. [155, 156]).

Parameter im Bereich Ausbreitung:
Zur Körperschallausbreitung im Erdboden wurden bereits in den Jahren 1979/1980 umfangreiche Studien durchgeführt [41], deren zusammenfassendes Ergebnis nach [43, 45] in der Abb. 13 dargestellt ist. Als Ergebnis späterer Untersuchungen „Zur Entstehung und Ausbreitung von Schienenverkehrserschütterungen" [157] werden u. a. Formeln zu Amplituden-Abstandsgesetzen angegeben, die bei der Abschätzung der entfernungsbedingten Abnahme von Erschütterungen aus dem Schienenverkehr sehr hilfreich sein können. Dennoch müssen in nahezu allen praktischen Anwendungsfällen zur Erlangung einer hinreichenden Prognosesicherheit die Ausbreitungsbedingungen durch Messungen vor Ort ermittelt werden. Die Gründe dafür sind u. a.

- nicht erkennbare Störungen im Ausbreitungsweg, wie z. B. Schichtungen im Erdboden, Felshorizonte, Moorlinsen u. ä.,
- nicht quantifizierbare Übertragungsbedingungen infolge von Stützmauern, Fundamentresten, Versorgungs- und Entsorgungsleitungen, Körperschallbrücken u. a. m.

Sehr oft können die Übertragungs- und Ausbreitungsbedingungen erst nach Fertigstellung bzw. Teilfertigstellung der Bauwerke mit ausreichender Genauigkeit bestimmt werden. So können z. B. die Ankopplungsbedingungen von Tunnelröhren an den umgebenden Erdboden und die Ausbreitungsbedingungen von Erschütterungen bei Tunnelbauwerken erst nach Fertigstellung des Tunnelbauwerks verlässlich bestimmt werden. Für die richtige Dimensionierung von gegebenenfalls erforderlichen Schutzmaßnahmen ist die möglichst genaue Kenntnis dieser Parameter jedoch maßgeblich.

Die Ermittlung der Übertragungs- und Ausbreitungsbedingungen kann in diesen Fällen sehr oft nur mit Hilfe künstlicher Anregung erfolgen. Bewährt haben sich hierbei Unwuchtschwingungserreger, hydraulische Schwingungserreger, Vibrationswalzen, Rüttelplatten und Impulsanregungen. Bei allen Arten der künstlichen Anregung besteht das Problem in der Übertragbarkeit der Anregungsgrößen auf die Verhältnisse bei Anregung durch Schienenverkehr.

Parameter im Bereich der Immission:
Die größte Unsicherheit bei Körperschallprognosen ist im *Bereich der Immission* zu verzeichnen. Dies liegt daran, dass nahezu jedes Gebäude auf Körperschallemissionen aus dem Schienenverkehr unterschiedlich reagieren kann.

Die Gründe hierfür sind vielfältig. Die Bauart und Masse des Fundamentes, die Ankopplung des Fundamentes an den Erdboden, die Stärke des Mauerwerkes, die Dicke und die Konstruktion der Decken, die Spannweite der Decken, die Anzahl der Geschosse spielen eine entscheidende Rolle und sogar die Möblierung der Zimmer hat Einfluss auf die Körperschallanregung der Geschossdecken. Auch im Bereich der Immission ist es in aller Regel erforderlich, die Übertragungsverhältnisse zu messen, wobei auch hier eine künstliche Anregung erforderlich bzw. sinnvoll ist, wenn die Anregung durch den Schienenverkehr noch nicht vorhanden ist.

Im Rahmen einer Studie wurden in 21 Wohnhäusern unterschiedlicher Bauart die gebäudespezifischen Übertragungsfaktoren durch Bahnanregung und durch Fremdanregung (Flächenrüttler, Stampfer) spektral ermittelt und miteinander verglichen [158]. In Abb. 37 sind die aus dieser Untersuchung hervorgegangenen mittleren Übertragungsfaktoren bei Bahnanregung bezogen auf

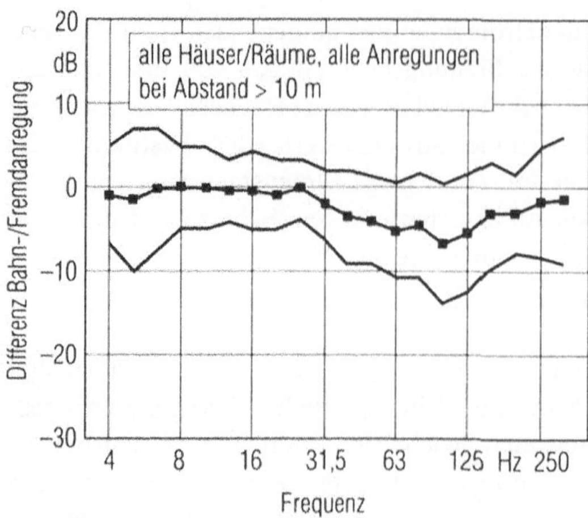

Abb. 37 Gebäudespezifische Übertragungsfunktion bei Bahnanregung bezogen auf Fremdanregung. Mittelwert ± Standardabweichung aus Messungen in 21 Häusern unterschiedlicher Bauart nach [158]

Fremdanregung mit Standardabweichung als Funktion der Terzmittenfrequenz dargestellt.

Man erkennt im Frequenzbereich oberhalb der 31,5 Hz-Terz spektrale Unterschiede derart, dass die bei Fremdanregung ermittelten Übertragungsfaktoren größer sind als bei Bahnanregung, d. h. mit der damit erstellten Prognose liegt man eher auf der sicheren Seite. Bei der Interpretation der Abb. 37 ist im Bereich unterhalb etwa 16 Hz zuberücksichtigen, dass hier die eingeleitete Schwingungsenergie bei der Fremdanregung nicht immer ausreicht, um die Gebäudestruktur hinreichend anzuregen, wodurch die Zuverlässigkeit der Messergebnisse in diesem Frequenzbereich eingeschränkt sein kann. Über praktische Erfahrungen mit der Prognose von Körperschall an Schienenverkehrsstrecken wird z. B. in [159–161] berichtet.

Weitere Hinweise für die Durchführung derartiger Prognosen findet man, ausgehend von der verfolgten Zielsetzung, den vorliegenden Planungsgrundlagen und Planungsdaten außerdem in [74, 116], sowie in der DIN 4150, Teil 1 „Erschütterungen im Bauwesen, Vorermittlung von Schwingungsgrößen," [36] und in der VDI-Richtlinie 3837 „Erschütterungen in der Umgebung von oberirdischen Schienenverkehrswegen, Spektrales Prognoseverfahren" [124].

Danksagung Wir danken allen Kollegen für die Unterstützung bei der Neufassung des Kapitels, namentlich den Herren W. Daiminger, C. Frank, R. Garburg und U. Lenz.

Literatur

1. Wettschureck, R.G., Hauck, G., Diehl, R.J., Willenbrink, L.: Geräusche und Erschütterungen aus dem Schienenverkehr, Kapitel 17. In: von Müller, G., Möser, M. (Hrsg.) Taschenbuch der Technischen Akustik, 3. Aufl. Springer, Berlin/Heidelberg/New York/London (2004)
2. Wettschureck, R.G., Hauck, G., Diehl, R.J., Willenbrink, L.: Noise and vibrations from railbound traffic, Chapter 16. In: Möser, M., Müller, G.H. (Hrsg.) Handbook of Engineering Acoustics. 1. Aufl. Springer, Berlin/Heidelberg/New York/London (2012)
3. Cremer, L., Heckl, M.: Körperschall, Physikalische Grundlagen und Technische Anwendungen. 2. völlig neubearbeitete Aufl. Springer, Berlin (1995)
4. Meyer, E., Guicking, D.: Schwingungslehre. Vieweg, Braunschweig (1974)
5. DIN 45669 Messung von Schwingungsimmissionen, Teil 1: Schwingungsmesser; Anforderungen, Prüfungen (2010)
6. DIN 45669 Messung von Schwingungsimmissionen, Teil 2: Messverfahren (2005)
7. DIN 45672 Schwingungsmessungen in der Umgebung von Schienenverkehrswegen, Teil 1: Meßverfahren (2009)
8. DIN 4150 Erschütterungen im Bauwesen, Teil 2: Einwirkung auf Menschen in Gebäuden (1999)
9. DIN 4150 Erschütterungen im Bauwesen, Teil 3: Einwirkungen auf bauliche Anlagen (1999)
10. VDI 2038 Blatt 3 Gebrauchstauglichkeit von Bauwerken bei dynamischen Einwirkungen, Untersuchungsmethoden und Beurteilungsverfahren der Baudynamik (2013)
11. DIN EN ISO 16032 Akustik; Messung des Schalldruckpegels von haustechnischen Anlagen in Gebäuden; Standardverfahren (2004)
12. Said, A., Grütz, H.-P., Garburg, R.: Determination of Groundborne Noise in Buildings due to at-grade Railway Traffic (in German). Z. Lärmbekämpfung **53**, 12–18 (2006)
13. DB RL, DB Netz, AG.: Richtlinie 800.2501, Erschütterungen und sekundärer Luftschall, Entwurf (2009)
14. Heckl, M.: Körperschallentstehung bei Schienenfahrzeugen. In: Fortschritte der Akustik, Tagungsband DAGA '90, S. 135–140. Wien (1990)
15. Heckl, M., Feldmann, J., Fischer, H.M., Munjal, M.: Grundlegende Untersuchungen zur Körperschallentstehung beim Rad/Schienesystem, Teil 1 und Teil 2. BMFT-Vorhaben TV-7722/9, TU Berlin (1980)

16. Remington, P.J.: Wheel/rail rolling noise, I: theoretical analysis. J. Acoust. Soc. Am. **81**, 1805–1823 (1987)

17. Remington, P.J.: Wheel/rail rolling noise, II: validation of the theory. J. Acoust. Soc. Am. **81**, 1824–1832 (1987)

18. Remington, P.J., Rudd, M.J., Vér, I.L., Ventres, C.S., Myles, M.M., Galaitsis, A.G., Bender, K.E.: Wheel/Rail Noise, Part I to Part V. J. Sound. Vib. **46**, 359–451 (1976)

19. Thompson, D.J.: Theoretical modelling of wheel-rail noise generation. Tagungsband „Instn. Mech. Engrs, Part F", J. Rail Rapid Transit. **205**, 137–149 (1991)

20. Thompson, D.J.: Railway Noise and Vibration: Mechanisms, Modeling and Means of Control. Elsevier, Oxford (2009)

21. VDI 2038, Blatt 1 Gebrauchstauglichkeit von Bauwerken bei dynamischen Einwirkungen, Untersuchungsmethoden und Beurteilungsverfahren der Baudynamik, Grundlagen – Methoden, Vorgehensweisen und Einwirkungen (2012)

22. Fendrich, L. (Hrsg.): Handbuch Eisenbahninfrastruktur. Springer, Berlin (2013)

23. ORE D151 Schwingungsschutzmaßnahmen auf der freien Strecke: Auswirkung zusätzlicher elastischer Bettung des Gleises. Bericht RP 10. Utrecht (1986)

24. Oberweiler, G.: Die Feste Fahrbahn. Entwicklung und Beurteilung aus der Sicht des Anwenders. ETR **38**, 119–124 (1989)

25. DB, Deutsche Bundesbahn Versuchsanstalt (VersA).. nicht veröffentlichte Berichte erstellt im Auftrag des BZA München, Dezernat 103/103a, bzw. der Deutschen Bahn AGFTZ München (jetzt DB Systemtechnik, München) (1979 – 2001)

26. Prange, B., Vrettos, Ch., Huber, G., Tamborek, A.: Erschütterungsabstrahlung der Festen Fahrbahn im Vergleich zum Schotteroberbau. 7. Technischer Bericht (Meilensteinbericht B7c) zum Forschungsvorhaben des BMFT TV8227 Teil B. Karlsruhe (1987)

27. Auersch, L.: Schottergleis und Feste Fahrbahn, Fahrzeug-Fahrweg-Dynamik und Erschütterungsemissionen – Komplexe Messungen und Berechnungen. Eisenbahningenieur **57**, 8–18 (2006)

28. Projekt RIVAS: Bericht Del. 5.2, Train induced ground vibration – characterization of vehicle parameters from test data and simulations (2012)

29. Krüger, F.: Parametereinfluß auf die Schwingungsemissionen an der Tunnelsohle. Verkehr und Technik 9 (1988)

30. DB, Deutsche Bundesbahn.: Schutz gegen Körperschall und Erschütterungen bei unterirdisch geführten S-Bahnen. Information Körperschall/Erschütterungen 01 (1983)

31. Eisenmann, J., Deischl, F.: Körperschalldämmung bei unterirdischen Bahnanlagen – Ausführungsbeispiele. Eisenbahningenieur **37**, 101–110 (1986)

32. Projekt RIVAS Bericht Del. 2.9, Validation of wheel maintenance measures on the rolling stock for reduced excitation of ground vibration (2013)

33. DIN EN ISO 3095 Akustik; Messung der Geräuschemission von spurgebundenen Fahrzeugen (2014)

34. Wettschureck, R.G.: Ballast mats in tunnels – Analytical model and measurements. In: Tagungsband „Proc. Inter-Noise 1985", S. 721–724. München (1985)

35. Auersch, L.: Ausbreitung von Erschütterungen durch den Boden. Forschungsbericht Nr. 92 der BAM, Berlin (1983)

36. DIN 4150-1 Erschütterungen im Bauwesen, Grundsätze, Teil 1: Vorermittlung und Messung von Schwingungsgrößen (2001)

37. Haupt, W. Hrsg.: Bodendynamik. Grundlagen und Anwendung. Vieweg, Braunschweig (1986)

38. Prange, B., Huber, G., Triantafyllidis, Th.: Dynamisches Rückwirkungsmodell des Gleisoberbaus: Feldmessung und analytisches Modell. Abschlußbericht zum Forschungsvorhaben TV 78150B des BMFT (1982)

39. Eibl, J., Henseleit, O., Schlüter, F.-H.: Baudynamik. In: Betonkalender 1988. Ernst & Sohn, Berlin (1988)

40. Studer, J.A., Laue, J., Koller, M.G.: Bodendynamik: Grundlagen, Kennziffern, Probleme. 3., völlig neu bearbeitete Aufl. Springer, Berlin (2007)

41. ARGE „Arbeitsgemeinschaft Schwingungsausbreitung" – Müller-BBM, IGI Niedermeyer, LGA Bayern (1980/81) Schwingungsausbreitung an Schienenverkehrswegen Hauptstudie 1, Juli 1980 und Hauptstudie 2, Juli 1981, im Auftrag des Bundesbahn-Zentralamtes München (1980/81)

42. Hölzl, G.: Körperschall- bzw. Erschütterungsausbreitung an Schienenverkehrswegen. Ergebnisse des Forschungsvorhabens und praktische Anwendungen bei der DB. ETR **31**, 881 887 (1982)

43. Hölzl, G., Fischer, G.: Körperschall- bzw. Erschütterungsausbreitung an oberirdischen Schienenverkehrswegen. ETR **34**, 469–477 (1985)

44. Müller-BBM (1979–2001) nicht veröffentlichte Berichte im Auftrag des früheren Bundesbahn-Zentralamtes München, Dezernat 103/103a und anderer Dienststellen der Deutschen Bundesbahn bzw. des Forschungs- und Technologiezentrums München der Deutschen Bahn AG (1979–2001)

45. Kurze, U.J.: Erschütterungen von Eisenbahnen. In: Fortschritte der Akustik, Tagungsband „FASE/DAGA '82", S. 329–332. Göttingen (1982)

46. Auersch, L.: Durch Bodenerschütterungen angeregte Gebäudeschwingungen – Ergebnisse von Modellrechnungen. Forschungsbericht Nr. 108 der BAM, Berlin (1984)

47. Obermeyer Planen + Beraten (OPB, früher Planungsbüro Obermeyer (PBO)) (1979–2001) nicht veröffentlichte Berichte im Auftrag des früheren Bundesbahn-Zentralamtes München, Dezernat 103/103a bzw. der Deutschen Bahn AG, Forschungs- und Technologiezentrum München (1979)

48. VDI 2057 Einwirkung mechanischer Schwingungen auf den Menschen, Blatt 3: Ganzkörperschwingung an Arbeitsplätzen in Gebäuden (2012)

49. DB, Deutsche Bahn AG FTZ 81.: Körperschall- und Erschütterungsschutz – Leitfaden für den Planer, München (1996)

50. Projekt RIVAS Bericht Del. 2.8, Validation of track maintenance measures (2013)

51. Kurze, U.J., Wettschureck, R.G.: Erschütterungen in der Umgebung von flach liegenden Eisenbahntunneln im Vergleich mit freien Strecken. Acustica **58**, 170–176 (1985)

52. Heckl, M.: Körperschallübertragung bei homogenen Platten beliebiger Dicke. Acustica **49**, 183–191 (1981)

53. DIN 45673 Mechanische Schwingungen. Elastische Elemente des Oberbaus von Schienenfahrwegen – Teil 5: Labor-Prüfverfahren für Unterschottermatten (2010)

54. DIN V 45673 Mechanische Schwingungen – Elastische Elemente des Oberbaus von Schienenfahrwegen – Teil 4: Rechnerische Ermittlung der Einfügungsdämmung im eingebauten Zustand (2008)

55. Achilles, S., Wettschureck, R.G.: Track isolation in a light rail tunnel in downtown Berlin. In: Tagungsband „French/German Joint Meeting CFA/DAGA'04" (on CD-ROM). Strassbourg (2004)

56. Wettschureck, R.G., Breuer, F., Tecklenburg, M., Widmann, H.: Installation of highly effective vibration mitigation measures in a railway tunnel in Cologne, Germany. Rail Eng. Int. **1999**, 12–16 (1999)

57. Wettschureck, R.G., Daiminger, W.: Installation of high-performance ballast mats in an urban railway tunnel in the city of Berlin. In: Tagungsband „EuroNoise 2001". Patras (2001)

58. BMFT, STUVA e.V.: Untersuchung verschiedener Oberbauformen in einem U-Bahntunnel im Hinblick auf Schall- und Erschütterungsemissionen. Bericht Nr. 8 der Berichtsreihe „Lärmminderung Schienennahverkehr", Köln (1982)

59. Eisenmann, J.: Oberbauforschung – Oberbautechnik, Stand und Weiterentwicklung. ETR **34**, 715–722 (1985)

60. Krüger, F.: Minderung der Schwingungsabstrahlung von U-Bahntunneln durch hochelastische Gleisisolationssysteme unter verschiedenen Tunnelrandbedingungen. Bericht Nr. 17 der Berichtsreihe „Lärmminderung Schienennahverkehr" des BMFT, STUVA e.V. Köln und IBU Essen (1985)

61. Wettschureck, R.G., Doberauer, D.: Unterschottermatten im Münchner S-Bahntunnel. In: Fortschritte der Akustik, Tagungsband „DAGA '85", S. 211–214. Stuttgart (1985)

62. Wettschureck, R.G., Kurze, U.J.: Einfügungsdämmaß von Unterschottermatten. Acustica **58**, 177–182 (1985)

63. Deutsche, Bahn AG.: Technische Lieferbedingungen „Unterschottermatten" – DB-TL 918 071 (1988)

64. Wettschureck, R.G., Heim, M., Tecklenburg, M.: Langzeit-Eigenschaften der Unterschottermatten im Münchner S-Bahntunnel nahe der Philharmonie Am Gasteig. Verkehr + Technik **57**(1), 3–9 (2004)

65. Daiminger, W., Dold, M.: Langzeitqualität von Unterschottermatten nach 30 Jahren. Eisenbahningenieur **6**, 20–25 (2014)

66. Pichler, D., Mechtler, R., Plank, R.: Entwicklung eines neuartigen Masse-Feder-Systems zur Vibrationsminderung bei Eisenbahntunnels. Bauingenieur **72**, 515–521 (1997)

67. Pichler, D., Zindler, R.: Development of artificial elastomers and application to vibration attenuating measures for modern railway superstructures. In: Dorfmann, A.l., Muhr, A.H. (Hrsg.) Constitutive Models for Rubber, S. 257–266. Balkema, Rotterdam (1999)

68. Projekt RENVIB II Phase 1 – „State of the art review", Task 5, Mitigation Measures for Surface Railways. Bericht Nr. 34 441/3 von Müller-BBM, für ERRI – European Railway Research Institute, Utrecht (1997)

69. Wenzel, H., Pichler, D., Rutishauser, G.: Reduktion von Lärm und Vibrationen durch Masse-Feder-Systeme für Hochleistungseisenbahnen. Schweizer Ingenieur- und Architektenverein, Dokumentation **0145**, 123–131 (1998)

70. Jaquet, T., Heiland, D., Rutishauser, G., Garburg, R.: Nord-Süd-Verbindung in Berlin, Baudynamik bei 15 km Masse-Feder-Systemen. Eisenbahningenieur **57**, 54–64 (2006)

71. Enoekl, V., Lenz, U.: Erstes Masse-Feder-System auf einer HGV-Strecke. ETR **52**(S), 527–538 (2003)

72. Rubi, H.-P., Hejda, G., Rutishauser, G., Kleiner, P.: S-Bahn-Technik – Gleisoberbau und Körperschallschutzmaßnahmen. Schweizer Ingenieur und Architekt **109**, 701–706 (1991)

73. Projekt RENVIB II Phase 1 – „State of the art review", Task 4, Reduction measures for tunnel lines, Bericht von VCE-Vienna Consulting Engineers, Wien und Rutishauser Ingenieurbüro, Zürich, für ERRI – European Railway Research Institute, Utrecht (1997)

74. Krüger, F., et al. (Hrsg.): Schall- und Erschütterungsschutz im Schienenverkehr: Grundlagen der Schall- und Schwingungstechnik – praxisorientierte Anwendung von Schall- und Erschütterungsschutzmaßnahmen. Expert Verlag, Renningen-Malmsheim (2001)

75. Fritz Beratende Ingenieure (2007–2011), nicht veröffentlichte Berichte erstellt im Auftrag der DB Netz AG (2007–2011)

76. Garburg, R.: Aktuelle Erfahrungen und Erkenntnisse aus Sicht der Akustik beim Einsatz von Schwellenbesohlungen, In: Tagungsband „Getzner Bahnfachtagung". Schwarzenberg/Voralberg (2007)

77. ORE D151/151.1 , Vibrations transmitted through the ground, Final report on a study of ground vibrations due to railways. ORE Report No. 12. Utrecht (1989)

78. Zach, A., Rutishauser, G.: Maßnahmen gegen Körperschall und Erschütterungen. Erfahrungen bei Projekten der SBB. Technical Document DT 217 zu Frage D151 des ORE. Utrecht (1989)

79. Fischer, G., Wettschureck, R.G., Hölzl, G., Temple, Ph.: Reduction of railway vibration propagation by means of rigid layers and flexible ballast mats. Technical Document DT 212 zu Frage D 151 des ORE, Utrecht (1988)

80. Wettschureck, R.G.: Körperschalldämmung im Eisenbahnoberbau mit zelligen PUR-Elastomeren. – Neuere Ergebnisse zu ausgewählten Anwendungen. In: Tagungsband „Lärmschutz an Eisenbahnstrecken, Lärmsanierung und Vorsorgeplanung. Eine Herausforderung für den Lärmschutz an Schienenwegen in den Alpenländern". Innsbruck (1995)

81. Wettschureck, R.G., Heim, M., Mühlbachler, S.: Reduction of structure-borne noise emission from above-ground railway lines by means of ballast mats – Analytical model and measurements. In: Tagungsband „Inter-Noise 97", S. 577–580. Budapest (1997)

82. Müller, R.: Die Erfahrungen der SBB mit Unterschottermatten zur sekundären Luftschall- und Erschütterungsminderung. In: Tagungsband „Erfahrungsaustausch zum Einsatz von elastischen Komponenten im Eisenbahnoberbau". Brand bei Bludenz/Vorarlberg, Bürs/Bludenz (2001)

83. Müller-Boruttau, F.H., Rosenthal, V., Breitsamter, N.: So trägt das Schotterbett Lasten ab – Messungen am Oberbau Systeme Grötz BSO/MK. ETR 50, 658–667 (2001)

84. Darr, E., Schaaf, B.: Betriebserprobung Feste Fahrbahn zwischen Mannheim und Karlsruhe. ETR 45, 772–784 (1996)

85. UIC Project Under-Sleeper Pads Bericht „Influence of Under Sleeper Pads on Noise and Vibration Emission Based on Measurements of the Project Partners" (2006)

86. Projekt RIVAS Bericht Del. 3.15, Results of field test for ballasted track mitigation measures (2013)

87. Kopp, E.: Erfahrungen mit harten und weichen Zwischenlagen und Schwellenbesohlungen unterschiedlicher Steifigkeit in Ihren Auswirkungen auf die Schlupfwellenbildung. In: Getzner Werkstoffe (Hrsg.) Tagungsband „Erfahrungsaustausch zum Einsatz von elastischen Komponenten im Eisenbahnoberbau." Brand bei Bludenz/Vorarlberg, Bürs/Bludenz (2001)

88. Müller-Boruttau, F.H., Kleinert, U.: Betonschwellen mit elastischer Sohle. Erfahrungen und Erkenntnisse mit einem neuen Bauteil. ETR 50, 90–98 (2001)

89. ORE D151 Schwingungsabsorber an der freien Strecke. Bericht Nr. 11. Utrecht (1988)

90. Dijckmans, A., Coulier, P., Jiang, J., Toward, MGR., Thompson, D.J., Degrande, G., Lombaert, G.: Mitigation of railway induced vibrations by using heavy masses next to the track, In: Tagungsband „EURODYN 2014", S. 751–758. Porto (2014)

91. Prange, B., Huber, G.: Abschirmung von Untergrunderschütterungen durch Bohrlochreihen. Abschlußbericht zum Forschungsvorhaben B I 5-800180-48 des Bundesministeriums für Raumordnung, Bauwesen und Städtebau. Karlsruhe (1982)

92. Projekt RIVAS Bericht Del. 4.5, Mitigation measures on the transmission path: results of field tests (2013)

93. Dolling, H.J.: Die Abschirmung von Erschütterungen durch Bodenschlitze. Die Bautechnik 47, 151–158 und 193–204 (1970)

94. Massarsch, K.R.: Isolation of Vibrations in Soil. Report Nr. 3/86 der FIT (Franki International Technology). Lüttich (1986)

95. Woods. R.D.: The screening of elastic surface waves by trenches. Dissertation, University of Michigan (1967)

96. Forchap, E., Siemer, T., Schmid, G., Jessberge, H.: Experiments to investigate the reduction of soil wave amplitudes using a built in block. In: Savidis, S.A. (Hrsg.) Earthquake Resistant Construction and Design. Roterdam (1994)

97. Kaynia, A.M.: Measurement and prediction of ground vibration from railway traffic. In: Tagungsband „International Conference on Soil Mechanics and Geotechnical Engineering 2001", Istanbul (2001)

98. Kaynia, A.M., Madshus, C., Zackrisson, P.: Ground vibration from high-speed trains: prediction and countermeasure. J. Geotech. Geoenviron. Eng. ASCE 126, 531–537 (2000)

99. Madshus, C.: Modelling, monitoring and controlling the behaviour of embenkments under high speed train loads. In: Geotechics for road, rail tracks and earth structures. Tagungsband „15. International Conference on Soil Mechanics and Geotechnical Engineering". Istanbul (2001)

100. Madshus, C., Kaynia, A.M.: High-speed railway lines on soft ground: dynamic behaviour at critical train speed. J. Sound Vib. 231, 689–701 (2000)

101. Madshus, C., Kaynia, A.M.: High-speed trains on soft ground: track-embankment-soil response and vibration generation, Chapter 11. In: Krylov, V.V. (Hrsg.) Noise and Vibrations from High Speed Trains, S. 314–346. Telford, London (2001)

102. Projekt RIVAS: Bericht Del. 4.6, Design Guide and Technology Assessment of the Transmission mitigation measures (2013)

103. Haupt, W., Köhler, W.: Gebäudeisolierung gegen U-Bahn-Erschütterungen. Bautechnik 67, 159–166 (1990)

104. ORE D151: Schwingungen, die durch den Boden übertragen werden. Bericht Nr. 2: Bewertung der zur Zeit angewandten Erschütterungsschutzmaßnahmen. Bericht Nr. 2. Utrecht (1982)

105. Westerberg, G.: Körper- und Luftschallisolierung in zwei Stufen von Mehrfamilienhäusern mit „Eisenbahnverkehr im Keller". In: Fortschritte der Akustik, Tagungsband „DAGA '90", S. 469–472. Wien (1990)

106. Wietlake, K.H.: Körperschallisolierte Gründung eines Wohnhauses oberhalb einer U-Bahn-Trasse. Bauingenieur 60, 235–238 (1985)

107. Lenz, U.: Körperschallisolierende Gebäudeabfederung. Bautechnik 73, 701–710 (1996)

108. Zindler, R.: Der Einsatz von zelligen Elastomer-Werkstoffen für die Körperschalldämmung im Hoch- und Tiefbau. Veröffentlichungen der FH Stuttgart – Hochschule für Technik, Bd. 51 – Bauphysikertreffen, S. 25–45. (2000)

109. Stiebel, D., Nelain, B., Vincent, N.: How to measure and transfer efficiencies of vibration-mitigation mea-

sures: results of the European project RIVAS, In: Tagungsband „ISMA 2012". Leuven (2012)

110. Ingenieurbüro Dr. Heiland.: Messbericht ID 80-7781-B1 „Free field vibration measurements – Experimental investigation of the insertion loss of under-sleeper pads", im Rahmen von RIVAS veröffentlichter Bericht erstellt im Auftrag der DB SystemtechnikGmbH (2012)

111. DIN SPEC 45673-3: Mechanische Schwingungen – Elastische Elemente des Oberbaus von Schienenfahrwegen – Teil 3: Messtechnische Ermittlung der Einfügungsdämmung im eingebauten Zustand (Versuchsaufbau und Betriebsgleis) (2014)

112. Garburg, R., Heiland, D., Mistler, M.: Determination of insertion losses for vibration mitigation measures in track by artificial vibration excitation (2013). In: Proceedings of the 11th IWRN, Udevalla, Schweden, veröffentlicht in Notes on Numerical Fluid Mechanics and Multidisciplinary Design (NNFM) Vol 126 Noise and Vibration Mitigation for Rail Transportation Systems, S. 237–244. Springer (2015)

113. Projekt RENVIB II: Phase 3, Bericht, Measurement protocol vibration and ground borne noise, AEAT (2003)

114. Projekt RIVAS: Bericht Del. 1.2, Protocol for free field measurements of mitigation effects in the project RIVAS for WP 2, 3, 4, 5 (2011)

115. Krüger, F.: Schall- und Erschütterungsschutz bei Schienenverkehr. In: Bergmeister, K., Fingerloos, F., Wörner, J-D. (Hrsg.) Beton-Kalender 2014. Ernst & Sohn (2013)

116. Melke, J.: Erschütterungen und Körperschall des landgebundenen Verkehrs. Prognose und Schutzmaßnahmen. Materialien Nr. 22 des Landesumweltamtes Nordrhein-Westfalen (Hrsg.). Essen (1995)

117. DIN 45673: Mechanische Schwingungen. Elastische Elemente des Oberbaus von Schienenfahrwegen, Teil 1: Begriffe, Klassifizierung, Prüfverfahren (2010)

118. Chanel, G.: Des performances qui évoluent au cours du temps. CSTB Mag. **84**, 24–25 (1995)

119. CSTB.: Tramway 2eme Ligne: Mesure Acoustiques. Etude No. 2.90.162 des Centre Scientifique du Batiment (CSTB), Centre de Recherche de Grenoble, Etude faite à la demande de G.M.S. (1991)

120. Müller-BBM: Erschütterungstechnische Untersuchungen zur Wirksamkeit von Leichten Masse-Feder-Systemen im Bereich der Straßenbahn München. Müller-BBM Bericht Nr. 42 599/2, im Auftrag von Getzner Werkstoffe GmbH (2001)

121. Lutzenberger, S., Nikisch, S., Wloka, P.: Strategische Wartung von Schienenfahrzeugen mit Monitoring am Beispiel der Polygonisierung von Rädern bei der VAG Nürnberg. Der Nahverkehr **9**, 10–17 (2013)

122. Lenz, U.: Hochelastische Schienenlagerung für Stadtbahntunnel in Bochum/D. Tunnel **6**, 37–45 (2007)

123. BImSch, G.: Gesetz zum Schutz vor schädlichen Umwelteinwirkungen durch Luftverunreinigungen, Geräusche, Erschütterungen und ähnliche Vorgänge (Bundes-Immissionsschutzgesetz -BImSchG) in der Fassung der Bekanntmachung vom 17 (2013)

124. VDI 3837: Erschütterungen in der Umgebung von oberirdischen Schienenverkehrswegen – Spektrale Prognoseverfahren (2013)

125. Länderausschuss für Immissionsschutz, Hinweise zur Messung, Beurteilung und Verminderung von Erschütterungsimmissionen (Erschütterungs-Leitlinie), Schriftenreihe des LAI, 2. Aufl. Erich Schmidt Verlag (2001)

126. Zeichart, K., Sinz, A., Schuemer, R., Schuemer-Kohrs, A.: Erschütterungswirkungen aus dem Schienenverkehr. Bericht über ein interdisziplinäres Forschungsvorhaben im Auftrag des Umweltbundesamtes, Berlin und des Bundesbahn-Zentralamtes, München – Kurzfassung –. Obermeyer Planen + Beraten, München (1993)

127. Zeichart, K., Sinz, A., Schuemer-Kohrs, A., Schuemer, R.: Erschütterungen durch Eisenbahnverkehr und ihre Wirkungen auf Anwohner. Teil 1: Zum Zusammenwirken von Erschütterungs- und Geräuschbelastung. Z. Lärmbekämpfung 41: 43–51. Teil 2: Überlegungen zu Immissionsrichtwerten für Erschütterungen durch Schienenverkehr. Z. Lärmbekämpfung **41**, 104–111 (1994)

128. Urteil des Bayerischen Verwaltungs-Gerichtshofes (BayerVGH) vom April 1995, Az. 20 A 93 400 80 (1995)

129. Koch B Schutz vor Lärm und Erschütterungen.: In: Fendrich, L. (Hrsg.) Handbuch Eisenbahninfrastruktur. Springer, Berlin (2013)

130. Urteil des Bundesverwaltungsgerichtes (BVerwG) vom Januar 2010, Az. 9A 22.08 (2010)

131. OENORM S 9012: Beurteilung der Einwirkung von Schwingungsimmissionen des landgebundenen Verkehrs auf den Menschen in Gebäuden – Schwingungen und sekundärer Luftschall (2010)

132. BUWAL, Bundesamt für Umwelt, Wald und Landschaft, Schweiz.: Weisung für die Beurteilung von Erschütterungen und Körperschall bei Schienenverkehrsanlagen (BEKS) (1999)

133. BImSchV-16.: Sechzehnte Verordnung zur Durchführung des Bundes-Immissionsschutzgesetzes (Verkehrslärmschutzverordnung – 16. BImSchV), geändert durch die Verordnung zur Änderung der Sechszehnten Verordnung zur Durchführung des Bundes-Immissionsschutzgesetzes vom 18.12.2014, Bundesgesetzblatt Jahrgang 2014 Teil I Nr. 61. (2014)

134. Vierundzwanzigste Verordnung zur Durchführung des Bundes-Immissionsschutzgesetzes (Verkehrswege-Schallschutzmaßnahmenverordnung – 24. BImSchV) vom 4.2.1997, Bundesgesetzblatt Jahrgang 1997 Teil I Nr.8 (1997)

135. VDI 2719: Schalldämmung von Fenstern und deren Zusatzeinrichtungen (1987)

136. TA-Lärm, Sechste Allgemeine Verwaltungsvorschrift zum Bundes-Immissionsschutzgesetz (Technische Anleitung zum Schutz gegen Lärm – TA Lärm) (1998)

137. Borgmann, R.: Schutz vor Erschütterungen und sekundärem Luftschall an Schienenverkehrswegen. Schriftenreihe des Bayerischen Landesamtes für Umweltschutz (LfU). 147 (2001)

138. Umwelt Bundesamt (UBA): Beurteilung von sekundärem Luftschall beim Schienenverkehr, Schreiben an die Stadtverwaltung Filderstadt (2004)

139. DIN 45680: Messung und Beurteilung tieffrequenter Geräuschimmissionen in der Nachbarschaft (1997)

140. Krüger, F.: Groundborne noise – Prediction and Assessment (in German): In: Tagungsband „Congress Baudynamics", VDI-Reports No. 1941, S. 85–102. Kassel (2006)

141. Diehl, R.J., Hölzl, G., Beier, M., Waubke, H.: Prediction of railway induced ground vibration. In: Tagungsband „Inter-Noise 2000", S. 3721–3726. Nizza (2000)

142. Müller, G.H., Diehl, R.J., Dörle, M.: Assessment of the insertion loss of mass spring systems for railway lines and methods for the prediction of noise and vibration quantities, In: Tagungsband „Euro-Noise '98", S. 97–102. München (1998)

143. Temple, D.P., Block, J.R.: Practical experience of a model for groundborne noise and vibration from railways. In: TAgungsband „Euro-Noise '98", S. 323–328. München (1998)

144. Daiminger, W.: Vergleich und Bewertung gängiger Prognosemodelle, In: Tagungsband „Fachtagung Bahnakustik 2011", S. 84–88. Planegg (2011)

145. Ziegler, A., Birchmeier, M., Müller, R.: VIBRA 1-2-3: Einfaches Modell für die Erschütterungs- und Körperschallberechnung beim Schienenverkehr. Zeitschrift für Lärmbekämpfung 8, 72–79 (2013)

146. Appel, S., Beyer, K-H., Busch, F.: Straßenbahn U6 Stuttgart: Anregung, Prognose und Messung der Schwingungsemission. In: Tagungsband „Fachtagung Bahnakustik 2011", S. 96–107. Planegg (2011)

147. Flesch, R., Ralbovsky, M., Friedl, H.: Neueste Entwicklungen auf dem Gebiet der Erschütterungs- und Körperschallprognose in Österreich, VDI Berichte Nr. 2036 (2009)

148. Lutzenberger, S.: Charakterisierung der Erschütterungsemission von Schienenfahrzeugen, In: Tagungsband „Fachtagung Bahnakustik". Planegg (2014)

149. Mistler, M., Heiland, D.: Erschütterungsprognosen mit Hilfe künstlicher Anregungsmethoden, VDI Berichte Nr. 2036 (2009)

150. Steinhauser, P.: VibroScan – A special seismic method for environmental vibration protection projects. In: Tagungsband „56th EAEG Meeting", S. 1052–1053. Wien (1994)

151. Auersch, L.: Zur praxisorientierten Berechnung der Steifigkeit und Dämpfung von Fundamenten und Fahrwegen. In: Institut für Baustatik, Festigkeitslehre und Tragwerkslehre (Hrsg.) Tagungsband „D-A-CH-Tagung 2001", S. 225–232. der Leopold Franzens Universität Innsbruck, Innsbruck (2001)

152. Müller-Boruttau, F.H., Ebersbach, D., Breitsamter, N.: Dynamische Fahrbahnmodelle für HGV-Strecken und Folgerungen für Komponenten. ETR 47, 696–702 (1998)

153. Lombaert, G., Degrande, G., Francois, S., Thompson, D.J.: Ground-borne vibration due to railway traffic (2013). In: Proceedings of the 11th IWRN, Udevalla, Schweden, veröffentlicht in Notes on Numerical Fluid Mechanics and Multidisciplinary Design (NNFM) Vol 126 Noise and Vibration Mitigation for Rail Transportation Systems, S. 253–287. Springer (2015)

154. Peters, J., Prestele, G.: Prediction of railway-induced vibrations by means of tranfer functions. In: Collected papers Joint Meeting (CD-ROM) – 137th ASA meeting, 2nd convention EAA, Forum Acustcum, DAGA 99/Berlin99. Berlin (1999)

155. Rücker, W., Said, S.: Erschütterungsübertragung zwischen U-Bahn-Tunneln und dicht benachbarten Gebäuden. Forschungsbericht Nr. 199 der BAM. Berlin (1994)

156. Auersch, L.: Wellenausbreitung durch eine Bodenschicht. DIE Bautechnik 7, 229–236 (1981)

157. Auersch, L.: Zur Entstehung und Ausbreitung von Schienenverkehrserschütterungen: Theoretische Untersuchungen und Messungen am Hochgeschwindigkeitszug Intercity Experimental. Forschungsbericht Nr 155 der BAM, Berlin (1988)

158. Said, A., Fischer, G., Hölzl, G., Fleischer, D.: Vergleich zwischen Bahn- und Fremdanregung bei der Ermittlung der gebäudespezifischen Übertragungsfunktionen. In: Fortschritte der Akustik, Tagungsband „DAGA '97", S. 268–270. Kiel (1997)

159. Steinhauser, P.: Zur Treffsicherheit von Erschütterungs- und Körperschall-Immissionsprognosen beim österreichischen Bahntunnelbau. Österreichische Ingenieur- und Architekten-Zeitschrift (ÖIAZ) 141, 46–50 (1996)

160. Steinhauser, P.: Zur Vorhersage und Beurteilung von Erschütterungs- und Körperschallimmisionen des Schienenverkehrs. Österreichische Ingenieur- und Architekten-Zeitschrift (ÖIAZ) 141, 7–12 (1996)

161. Unterberger, W., Steinhauser, P.: Bekämpfung von Erschütterungen und sekundärem Luftschall zufolge Schienenverkehr. Z. Felsbau 15, 88–96 (1997)